土木工程结构研究新进展丛书

冷弯薄壁型钢混凝土剪力墙
抗震性能研究

Seismic Behavior of Cold-Formed Thin-Walled
Steel Reinforced Concrete Shear Walls

初明进　著
Ming-Jin CHU

U0264667

中国建筑工业出版社

图书在版编目(CIP)数据

冷弯薄壁型钢混凝土剪力墙抗震性能研究/初明进著.
北京：中国建筑工业出版社，2012.6
（土木工程结构研究新进展丛书）
ISBN 978-7-112-14240-8

Ⅰ.①冷… Ⅱ.①初… Ⅲ.①多层建筑—住宅—冷
变形—轻型钢结构—混凝土—剪力墙—抗震性能—研究
Ⅳ.①TU392.1②TU973.16

中国版本图书馆 CIP 数据核字（2012）第 072329 号

冷弯薄壁型钢混凝土剪力墙（CTSRC 剪力墙）结构是一种新型工业化住宅结构体系。该结构采用钢骨架作为主要受力骨架，外侧固定水泥板或钢模网等免拆模板，或者采用传统可拆模板，其间浇筑混凝土，构成墙体和楼板等结构构件，形成住宅建筑结构体系。本书通过试验，研究了 CTSRC 剪力墙多层住宅墙体及整体结构的受力性能，提出了结构设计计算方法和构造措施建议；通过试验和理论分析研究了高层结构 CTSRC 墙体的受力性能，提出了墙体的设计计算方法和构造措施建议。本书可供结构工程设计及研究人员学习参考。

* * *

责任编辑：李天虹
责任设计：董建平
责任校对：肖 剑 刘 钰

土木工程结构研究新进展丛书
冷弯薄壁型钢混凝土剪力墙抗震性能研究
Seismic Behavior of Cold-Formed Thin-Walled
Steel Reinforced Concrete Shear Walls
初明进 著
Ming-Jin CHU

*

中国建筑工业出版社出版、发行（北京西郊百万庄）
各地新华书店、建筑书店经销
北京天成排版公司制版
北京建筑工业印刷厂印刷

*

开本：787×1092 毫米 1/16 印张：9¼ 字数：230 千字
2012 年 7 月第一版 2012 年 7 月第一次印刷
定价：**28.00** 元
ISBN 978-7-112-14240-8
（22308）

前　　言

近年来，随着城镇化进程的加快，我国住宅建造规模发展迅速。住宅产业化是住宅建设发展的重要方向，核心是建立适合工业化的结构技术体系。冷弯薄壁型钢混凝土剪力墙结构是一种新型工业化住宅结构体系，具有工业化程序高、受力性能好等优点，以及良好的应用前景。

本书对冷弯薄壁型钢混凝土剪力墙结构的受力性能进行了一系列研究，主要工作包括模型试验、数值模拟和理论分析，揭示了新型剪力墙的受力特征、破坏机理，提出了承载力理论分析模型和恢复力模型等，为冷弯薄壁型钢混凝土剪力墙结构的工程设计应用提供了可靠依据。

本书研究发现冷弯薄壁型钢混凝土剪力墙具有自适应分缝性能。在水平地震作用下，墙体在弹性阶段为整截面墙受力阶段，进入弹塑性阶段后，沿冷弯薄壁型钢与混凝土的交界处出现竖向裂缝，墙体演变为分缝墙体受力阶段；竖向裂缝的演变和形态与水平作用相适应，具有自适应特性，可避免墙体剪切破坏，把损伤集中在预期的部位，防止剪力墙损伤集中在塑性铰区域。冷弯薄壁型钢混凝土剪力墙为提高剪力墙结构的抗震性能提供了新颖的技术手段。

本书的研究工作是在清华大学陈肇元院士和叶列平教授指导下完成的，冯鹏博士也参与指导了本书的工作；在研究过程中还得到了清华大学陆新征博士、侯建群研究员等的帮助和支持。在此表示衷心的感谢！此外感谢黄勤翼、曲哲、齐玉军、李易、马千里、缪志伟和卢啸等同志的热心帮助和支持！

本书的研究工作得到"国家自然科学基金(51078321)"、"长江学者和创新团队发展计划项目(IRT00736)"和"山东省自然科学基金(Y2008F43)"等项目的资助，特此致谢！并感谢清华大学"土木工程安全与耐久教育部重点实验室"提供实验研究条件。

冷弯薄壁型钢混凝土剪力墙是处于发展中的新型结构，要将其应用到实际工程中，有待于进一步补充、完善和发展。由于作者水平有限，本书不可避免存在许多不足之处，谨请读者批评指正。

2012 年 4 月

目　　录

第1章 引　言

1.1　研究背景

我国社会总能耗量中，建筑能耗所占比重已达 30％以上。未来 10 年，我国住宅建造量超过 50 亿 m²，发展住宅产业化是降低住宅的能源和资源消耗、提升质量、保持可持续发展的必由之路。

我国住宅生产长期处于粗放发展阶段，能源、资源消耗是发达国家的 3 ~ 4 倍，住宅功能质量和环境质量不高。目前国内住宅产业化水平仅为 10％左右，美国和日本达到80％[1]，差距较大。随着资源日益匮乏，劳动力成本上升，全社会认识到推进住宅产业化的紧迫性；国务院办公厅 1999 年就颁布了《关于推进住宅产业化提高住宅质量的若干意见》，随后建设部颁布了《商品住宅性能认定管理办法》等文件，鼓励和引导企业走住宅产业化之路。

近年来，随着城镇化进程的加快，我国住宅建造规模发展迅速。住宅产业化是住宅建设发展的重要方向，核心是建立适合工业化的结构技术体系。目前制约我国住宅产业化发展的关键是结构体系的问题。

我国正在推广应用的产业化住宅结构体系主要有配筋混凝土空心砌块体系、预制混凝土结构体系、轻钢结构住宅体系和采用模网技术的现浇剪力墙结构体系等。

（1）配筋混凝土空心砌块体系

配筋混凝土空心砌块体系是建设部建议推广的一种砌体结构体系。与钢筋混凝土剪力墙结构相比，配筋混凝土砌块砌体剪力墙结构能降低造价，节约钢材，缩短工期[2]，可用于建造多层和高层结构。但是砌块建筑在使用过程中存在一些缺点，主要有易开裂、保温隔热性能差、防渗性能差等几个方面。

（2）预制混凝土结构体系

预制混凝土技术是工业化的建筑生产方式[3]，是国内外较早研究并应用于住宅建设的工业化结构体系。与现浇结构相比，预制混凝土结构构件质量好、生产效率高，具有突出的节能、环保等特点。住宅建设中采用的预制混凝土结构主要包括框架结构和剪力墙结构[4]。前者一般用在多层住宅，后者可建设高层住宅。

（3）轻钢结构住宅体系

轻钢结构是以轻型冷弯薄壁型钢，或轻型焊接和高频焊接型钢，薄钢板、薄壁钢管，轻型热轧型钢及以上各构件拼接、焊接而成的组合构件等为主要受力构件，采用轻质围护材料的低层和多层建筑。轻钢建筑具有布局灵活、工业化程度高、设计制造安装工期短、自重轻等优点[5][6]。限制轻钢结构住宅发展的因素有造价高、配套部品不完备、维护费用高等。

（4）采用模网技术的现浇剪力墙结构体系

采用模网技术的现浇剪力墙结构是建设部在住宅产业化技术领域建议推广的混凝土结构体系。采用模网技术现浇剪力墙，可以保证结构的整体性，结合使用保温技术，可满足节能要求，施工简便，速度快。该结构体系一般适用于多层建筑，可显著提高生产效率。但竖向镀锌加劲肋会锈蚀，影响剪力墙的受力性能；墙体骨架间接缝位置不连续，无法布置水平钢筋，影响墙体的受力性能[7]。

冷弯薄壁型钢混凝土剪力墙（简称为"CTSRC 剪力墙"）结构是一种新型的工业化住宅结构。该结构采用钢骨架作为主要受力骨架，外侧固定水泥板或钢模网（图 1.1(a)）等免拆模板，或者采用传统可拆模板，其间浇筑混凝土，构成墙体和楼板等结构构件，形成住宅建筑结构体系。钢骨架是由冷弯薄壁型钢和扁钢或钢拉条连接在一起构成的受力骨架，可承受施工阶段的荷载；骨架表面覆盖的钢模网或水泥板等充当永久模板。钢模网是由镀锌薄钢板加工而成的蛇皮网，上有等间距平行排列的 V 形肋（如图 1.1(b)）；冷弯薄壁型钢的腹板上开有圆孔（方孔或三角孔），在开孔周边带有加强卷边（如图 1.1(c)）。钢骨架和免拆模板的组合体在工厂制作，实现了工业化生产。当 CTSRC 剪力墙结构采用钢模网做免拆模板时，称之为钢网构架混凝土复合结构体系。

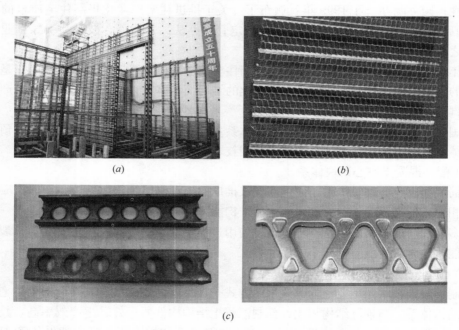

(a)　　　　　　　　　　　　　　　(b)

(c)

图 1.1　CTSRC 剪力墙结构

(a) 钢骨架和钢模网组合体；(b) 钢模网；(c) 开孔冷弯薄壁型钢

与其他住宅结构体系相比，CTSRC 剪力墙结构住宅体系具有以下优点：

（1）该住宅体系是一种现浇钢筋(骨)混凝土剪力墙体系，结构整体性好，抗震性能优越。

（2）该住宅体系生产过程的主要环节可实现工业化生产，大大提高了劳动生产率，工程质量有保证。

（3）该住宅体系在施工阶段具有轻钢结构体系的特点，装配单元重量轻，运输、安装方便；钢骨架能够承受施工荷载，方便构件定型、定位，可以取消脚手架；采用免拆模板可代替传统模板，取消了模板工程，极大减少了现场作业量。

（4）该住宅体系采用自密实混凝土浇筑，减少施工噪声污染；无需搭设脚手架和模板、砌筑墙体、搅拌混凝土等，因此施工辅助区域面积小，保护了周围环境。

（5）该住宅体系的应用可减少资源消耗，降低造价。主要体现在三个方面：①用钢量与传统现浇混凝土结构基本持平，无模板和脚手架工程；②现场人工作业量少，劳动生产效率高；③生产管理和建造效率高。

目前在江苏南京和北京通州已建成了多栋钢网构架混凝土复合结构住宅试点工程。试点工程的用钢量与传统建筑体系基本持平；在南京的试点工程中装配单元的面积平均为$10m^2$，质量仅为125kg左右，最大一片装配单元的面积达到$21m^2$，运输、现场安装效率非常高，明显高于轻钢结构住宅体系，远大于预制混凝土装配结构体系。

1.2 研究目的

CTSRC 剪力墙结构的基本构件为 CTSRC 剪力墙和 CTSRC 楼板，可应用于多层住宅和高层住宅，其中的关键技术问题主要有：

（1）墙体受力性能与设计计算方法；

（2）楼板受力性能与设计计算方法；

（3）楼板与墙体的连接构造措施；

（4）楼层间墙体的连接构造措施；

（5）墙体中的构造措施；

（6）整体结构受力性能和设计方法等。

本书将通过试验，研究 CTSRC 剪力墙多层住宅墙体及整体结构的受力性能，提出结构设计计算方法和构造措施建议；通过试验和理论分析研究高层结构 CTSRC 墙体的受力性能，提出墙体的设计计算方法和构造措施建议；高层结构 CTSRC 剪力墙典型构造如图 1.2 所示。本书的研究将为技术规程的编制和工程设计应用提供可靠依据。

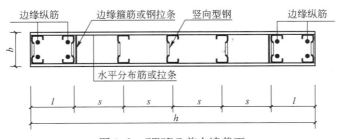

图 1.2 CTSRC 剪力墙截面

1.3 主要研究内容

本书对冷弯薄壁型钢混凝土剪力墙结构进行研究，主要研究工作如图 1.3 所示。根据研究对象可分为两大部分。

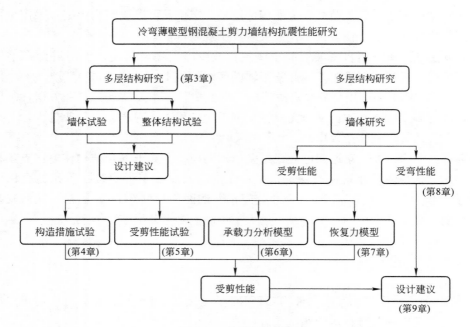

图 1.3 本书研究思路

（1）钢网构架混凝土复合结构多层住宅结构的研究，为文中第 3 章，包括：

- 根据钢网构架混凝土复合结构多层住宅的构造方法，进行多层结构中 CTSRC 墙体的抗震性能试验；
- 依据多层结构的构造方法和建造工艺，建造一栋钢网构架混凝土复合结构住宅足尺模型，通过拟静力试验，研究结构的破坏过程，验证构造措施；
- 分析钢网构架混凝土复合结构多层住宅的抗震性能，提出设计建议。

（2）冷弯薄壁型钢混凝土剪力墙的研究，为文中第 4～9 章，重点研究了高层结构 CTSRC 剪力墙的受剪性能。具体包括：

- 第 4 章和第 5 章为试验研究，研究墙体边缘构件纵筋数量、表面钢模网配置、冷弯薄壁型钢的底部锚固情况等构造对 CTSRC 剪力墙受力性能的影响规律，建议用于实际工程的合理构造措施；研究剪跨比、水平分布钢筋配筋量、轴压比、混凝土强度和竖向型钢截面积等参数对墙体受力性能的影响，分析 CTSRC 剪力墙的破坏机理，总结 CTSRC 剪力墙的受力特点和性能优势。
- 第 6 章和第 7 章为理论研究，建立 CTSRC 剪力墙的受力分析模型，获得承载力的计算方法，构建 CTSRC 剪力墙的骨架曲线模型和恢复力模型，建议 CTSRC 剪力墙的设计原则。
- 第 8 章基于本课题组其他研究人员的试验结果，提出 CTSRC 剪力墙受弯承载力设计建议。
- 第 9 章综合 CTSRC 剪力墙的构造、受剪性能、受弯性能的研究成果，提出 CTSRC 剪力墙的设计建议。

第 2 章 剪力墙受力特性

2.1 剪力墙的抗震性能

剪力墙的刚度大，承载力高，地震作用下可有效控制结构层间变形。在汶川地震中，剪力墙结构和框架-剪力墙结构大多震害较轻[8]~[11]，而很多框架结构遭受严重的破坏，甚至发生倒塌[9][12]~[14]，建筑结构震害如图 2.1 所示[9]。

都江堰市某住宅

北川市某8层框架结构

(a)

都江堰市某办公楼

绵阳绵州酒店

(b)

图 2.1　汶川地震震害照片
(a)框架结构；(b)框架-剪力墙结构

Fintel 考察了从 1960 年智利地震到 1988 年亚美尼亚地震近 30 年世界上发生的几次较大地震，发现虽然剪力墙开裂和损伤程度不同，但是没有一栋含剪力墙的结构倒塌[15]。剪力墙在地震中的主要震害经验有[15]：

（1）1960 年智利地震（里氏 8.9 级）：配筋不满足规范规定的剪力墙可以控制结构破坏和非结构破坏，墙体开裂对结构性能的影响很小。

（2）1963 年马其顿共和国斯科普里地震（里氏 6.2 级）：含有素混凝土墙的框架结构虽

然墙体破坏严重，但是整体结构避免了倒塌；一座含少量素混凝土筒体的 14 层框架结构破坏非常轻微。而框架结构破坏较严重，有的发生倒塌。

（3）1967 年委内瑞拉的加拉斯加地震（里氏 7 级）和 1971 年加利福尼亚地震（里氏 6.8 级）：在地震中含剪力墙结构具有良好的承载力，可以提供足够的刚度，避免结构和非结构破坏，抗震性能显著优于框架结构。

（4）1972 年尼加拉瓜地震（里氏 6 级）：大量建筑物破坏，剪力墙结构表现出良好的抗震性能，推动了美国抗震规范的变化——逐渐接受剪力墙结构和框架-剪力墙结构作为一种优越的抗震体系。

（5）1977 年罗马尼亚地震（里氏 7.2 级）：在这次地震中，装配式大板（剪力墙）结构经受住了地震考验，基本没有破坏。

（6）1985 年墨西哥地震（里氏 8.1 级）：框架结构大量倒塌，特别是学校和停车场破坏严重；设置剪力墙的结构性能较好，一个角部设置少量剪力墙的停车场基本完好。

（7）1985 年智利地震（里氏 7.5 级）：由于混凝土剪力墙被广泛的应用，这次地震造成的灾害比较轻；虽然大部分墙体没有采取延性构造措施，但是仍可以有效控制层间变形，防止结构发生严重破坏。在这次地震中，一些剪力墙出现局部破坏，主要有施工缝滑移、墙趾混凝土受压剥落和边缘纵筋压屈等[16]。

（8）1988 年亚美尼亚地震（里氏 6.9 级）：这次地震造成超过 5 万人死亡，大量建筑物倒塌，有的地区 95％的建筑物倒塌或震后拆除，震害统计如表 2.1 所示；装配式大板（剪力墙）结构表现出良好的抗震性能，绝大多数破坏轻微，少数经加固或修复后继续使用，没有一栋发生严重破坏或倒塌。与之相对的是大量装配式框架结构、框架-砌体混合结构和砌体结构倒塌或严重破坏。

亚美尼亚地震建筑震害统计（按结构形式分类）[15] 表 2.1

	倒塌	震后拆除	修复后使用	可以使用
装配式大板结构	0（0％）	0（0％）	13（17％）	65（83％）
装配式框架结构	72（21％）	57（17％）	130（39％）	77（23％）
框架-砌体混合结构	137（9％）	288（20％）	719（50％）	307（21％）
砌体结构	104（10％）	317（29％）	402（37％）	263（24％）

设置剪力墙是提高结构抗震性能的最经济有效的措施；在住宅结构中设置一定数量的剪力墙，包括素混凝土墙、无延性构造措施的墙，可以避免结构发生严重的破坏和倒塌[15]。

2.2 剪力墙的破坏模式

剪力墙的破坏模式与墙体高宽比（剪跨比）、钢筋配置、轴压比、截面形状等有关。普通钢筋（骨）混凝土剪力墙在轴力和水平作用下，破坏模式由受弯承载力和受剪承载力相对强弱关系决定，常见的破坏模式有：弯曲破坏、剪切破坏或施工缝剪切错动破坏等。

弯曲破坏的剪力墙具有较好的延性，剪切破坏的剪力墙峰值荷载后承载力退化迅速，延性很差。剪切破坏的剪力墙受剪承载力劣化的主要原因有：(1)反复荷载作用下斜裂缝处骨料间咬合力减小；(2)纵筋销栓力逐渐减小；(3)斜裂缝间混凝土受压承载力软化等[17]。

剪力墙的受剪承载力如果低于受弯承载力，则在水平力作用下，纵筋屈服前就发生剪切破坏，表现出脆性性质，如图2.2中的a曲线。增加水平分布钢筋数量和轴压力等，可提高剪力墙的受剪承载力。当受剪承载力增加到一定程度，可使剪力墙成为"强剪弱弯"构件。根据"强剪弱弯"程度从小到大，其破坏特征仍有所差别，主要表现为弯曲屈服后的剪切破坏、弯曲破坏。弯曲屈服后的剪切破坏是由于剪力墙达到极限抗弯强度后，随着荷载循环次数的增加和位移的增大，墙体受剪承载力退化，使墙体在一定弯曲变形后发生剪切破坏，这种剪切破坏可称之延性剪切破坏，如图2.2中的b曲线。继续提高墙体的抗剪承载力，可使墙体成为充分"强剪弱弯"构件，在水平荷载下墙体发生延性较好的弯曲破坏，如图2.2中的c曲线。

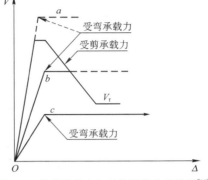

图2.2 受弯承载力和受剪承载力的关系[18]

剪跨比是影响剪力墙破坏模式的重要参数，剪跨比大于2时一般由受弯性能控制，小于1时由受剪性能控制，在1.5左右时受弯剪共同控制[19][20]。

根据剪跨比的不同，可将剪力墙分为剪跨比大于2的高墙，剪跨比小于2的低矮剪力墙。低矮剪力墙的剪切破坏模式一般有三种，即斜拉破坏、斜压破坏和滑移破坏[21][22]。斜拉破坏是墙体在弯剪作用下水平分布钢筋屈服，出现一条主斜裂缝而破坏，配置足够的水平钢筋可以防止斜拉破坏。当水平分布钢筋较多时，墙体在往复荷载下两个方向的斜裂缝交替开合，斜裂缝间的混凝土压杆的强度逐渐降低，当压杆的压应力超过混凝土抗压强度时发生斜压破坏；防止斜压破坏须限制墙体的剪压比。滑移破坏是剪力墙在基础或水平裂缝区域发生过大的剪切滑移变形，在往复荷载作用下，沿水平裂缝的抗力机制（骨料咬合力、剪摩力等）发生退化，形成滑移面，这时墙体剪力主要通过纵筋的销栓作用传递，刚度较小，沿剪切面产生过量的滑移变形；通过设置足够的竖向钢筋可以控制滑移破坏。

虽然弯曲破坏是剪力墙的设计目标，但是由于结构几何参数的限制或其他条件的制约，不但低矮剪力墙难以避免发生剪切脆性破坏，而且高墙也会出现剪切破坏现象[23][24]。图2.3是地震导致高墙剪切破坏的现象，图2.3(a)发生在1986年Kalamata地震[23]，图2.3(b)是2008年汶川地震中某十层框架-剪力墙结构中剪力墙发生的斜向-剪切滑移开裂[9]，图2.3(c)是2010年智利地震中墙体的剪切破坏。

剪力墙沿弯曲裂缝或施工缝等位置产生水平剪切滑移错动破坏的情况也不容忽视。滑移变形在剪力墙总变形所占的比例在边缘纵筋屈服后逐渐增大，导致荷载-位移滞回曲线的捏拢，墙体的耗能能力降低，对结构抗震性能不利[20][25]。震害调查也发现了剪力墙的滑移破坏现象，如图2.4所示。

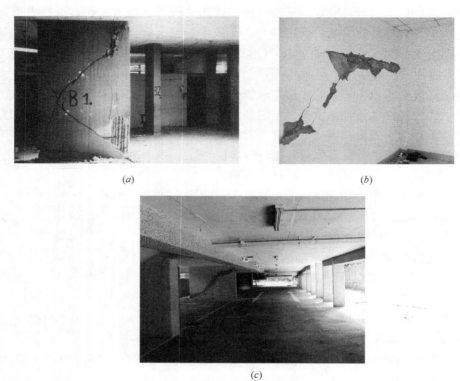

(a)   *(b)*

(c)

图 2.3　高墙的剪切破坏

(*a*)1986 年 Kalamata 地震；(*b*)2008 年汶川地震；(*c*)2010 年智利地震(来自 Moehle)

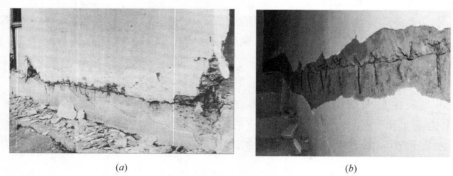

(a)   *(b)*

图 2.4　剪力墙滑移破坏

(*a*)1985 年智利地震[16]；(*b*)2008 年汶川地震[9]

2.3　低矮剪力墙试验研究

从 20 世纪 50 年代开始，国内外学者对低矮剪力墙的受力性能进行了大量的研究。

1949 年美国 MIT 和斯坦福大学[26]研究了高宽比 0.33～1.11 的剪力墙的极限承载力、荷载-变形曲线和破坏过程等，提出钢筋混凝土墙的纵向和水平方向的最小配筋率为 0.8%；认为试件比例对受力性能影响不明显，矮墙中竖向分布钢筋比水平分布钢筋更有效；随着高宽比减小，承载力增大；墙体未开裂时刚度与配筋率无关。

Barda[27]研究了 8 个带翼缘混凝土墙的受力性能,高宽比为 0.21~0.96,试验参数包括受弯钢筋、墙体水平和竖向钢筋和高宽比等。结果表明翼缘配筋率对抗剪强度影响不明显;试件在反复荷载作用下承载力比单调加载低 10%;抵抗水平荷载时竖向分布钢筋比水平分布钢筋更有效;随着高宽比减小墙体承载力提高,但是趋势减缓。

Cardenas 等人[28]研究了 7 个矩形截面、高宽比为 1.0 墙体的受力性能,结果表明反复加载下墙体的承载力比单调加载的情况低 7%;水平分布钢筋和竖向分布钢筋对矮墙承载力都有贡献。

Pauly 等人[21]对 4 片高宽比为 0.5 的矮墙进行了试验研究,有两个配置斜向正交钢筋。结果表明基础滑移控制了墙体的破坏模式,墙体总位移中相当大比例由基础滑移引起,导致荷载-位移曲线捏拢,减少了墙体刚度和耗能能力;增加对角钢筋可显著减少墙体滑移,改善滞回特性;有翼缘墙体(或钢筋在墙端部集中配置)更容易产生基础滑移;防止低矮剪力墙滑移破坏,可配置斜向钢筋或者施加较大的轴压力。

Maier[29]进行了 10 个高宽比为 1.0 的钢筋混凝土墙体试验,发现墙体的变形能力随着水平钢筋增加而增加;相对于单调加载,反复加载对承载力和变形能力影响不大;随着轴压力和分布钢筋配筋率的增加,最大荷载对应的水平变形减少。

Saatcioglu 等人[30]研究了 8 个钢筋混凝土矮墙的受力性能,研究表明矮墙受力性能主要受高宽比影响;随着高宽比减小,普通配筋墙体更容易发生滑移,设置基础插筋可以减小剪切滑移,提高墙体承载力和延性;当高宽比小于 1 时,纵向钢筋对提高墙体弯曲能力和混凝土斜向抗压能力很重要,水平钢筋可改善墙体裂缝分布,但不会显著提高墙体的承载力。

Wood[31]分析了文献中的 143 个钢筋混凝土剪力墙的受力性能,得到以下结论:随着分布钢筋配筋率的提高,墙体平均应力提高;剪力墙尺寸不影响受剪承载力;试验加载制度对墙体承载力的影响不明显。

Lefas 等人[32][33]进行了 17 个高宽比分别为 1.0 和 2.0 的钢筋混凝土剪力墙的试验,研究表明提高轴压力可以提高墙体侧向刚度和承载能力,降低极限荷载下的水平变形;水平钢筋对受剪承载力的影响不明显;墙体受剪承载力主要由受压区混凝土提供;加载制度不改变墙体的承载力和变形特征。

Hidalgo 等人[23]研究了反复荷载作用下 26 个剪跨比 0.35~1.0 的钢筋混凝土剪力墙的受力性能。试验参数是剪跨比、水平和竖向钢筋配筋率、边缘纵向钢筋和混凝土抗压强度等。研究表明反复荷载下墙体的承载力退化随高宽比、水平和竖向分布钢筋配筋率降低而增加;高宽比、水平和竖向钢筋配筋率对墙体耗能能力影响不明显;剪跨比减小,变形能力降低。

Gulec[29]分析了文献中的 9 组墙体的试验结果,研究了加载制度对墙体受剪承载力的影响,结果表明反复加载下墙体的受剪承载力是单调加载时承载力的 94.2%。

根据上述研究可以得到如下主要结论:

(1)高宽比(剪跨比)是影响剪力墙的受力性能的最重要因素。随着高宽比(剪跨比)减小,墙体承载力提高,变形能力降低,承载力退化程度加快。

(2)水平分布钢筋和竖向分布钢筋对矮墙的受剪承载力都有贡献,随着高宽比(剪跨比)的减少,竖向钢筋的作用越来越明显;增加水平钢筋可以改善墙体的裂缝分布,延缓墙体的承载力和刚度退化。

（3）提高轴压力可以提高墙体侧向刚度和承载能力，降低极限荷载下的水平变形。

（4）低矮剪力墙的滑移变形在总变形中所占比例较大，特别是在墙体纵筋屈服后。

（5）墙体的受剪承载力主要由受压区混凝土提供。

（6）试件尺寸对墙体的受剪承载力影响不明显。

（7）相对于单调加载，反复加载下墙体的受剪承载力降低不明显。

2.4　改善剪力墙受力性能的研究

地震震害调查和试验研究表明，剪力墙在小震下的性能可以保证，但是在大震下的性能还存在一些问题，主要包括：

（1）剪力墙的破坏模式不易控制，易发生剪切破坏。

（2）剪力墙即使实现了预期的弯曲破坏模式，由于损伤和耗能一般集中于底部塑性铰区域，整个墙体性能难以充分发挥，而且竖向承载力和塑性铰区域的抗剪能力损失较大。虽然将塑性铰区作为底部加强区来设计，但是不能改变破坏损伤区域集中在底部的不利状况[34]。

震害调查和相关研究表明，大震时结构的弹塑性变形能力和耗能能力是保证结构安全性的关键因素。要提高剪力墙的大震时的性能，主要是避免发生剪切破坏和改善塑性铰区域的性能，一般通过 3 个途径：（1）在墙体内设置内部传力机制直接承担水平力，减少混凝土的剪应力水平，相当于提高墙体的剪跨比，主要包括设置斜向钢筋或暗支撑的剪力墙、钢骨混凝土剪力墙以及内藏钢桁架组合剪力墙等；（2）将剪跨比较小的剪力墙设计成大剪跨比墙柱的组合体，例如各种带缝剪力墙；（3）延缓墙趾混凝土压溃，提高塑性铰区域延性，提高抗弯性能，例如钢骨混凝土剪力墙，设置边缘构件也是基于这样的考虑。前两个途径主要避免墙体剪切破坏，第 3 个途径是改善弯曲破坏时剪力墙塑性铰区域的性能。

2.4.1　设置内部传力机制直接承担水平力

2.4.1.1　配置斜向钢筋、暗支撑或钢桁架的剪力墙

对于易发生剪切破坏的剪力墙，增加水平或者竖向分布钢筋对改善墙体的受力性能的效果不明显。配置斜向钢筋、暗支撑或钢桁架可以避免剪切破坏，减少墙体底部的滑移变形，提高延性和耗能能力，显著改善墙体抗震性能。

Iiya 等人[35]研究了传统正交配筋和斜向配筋的剪力墙的受力性能，表明配置斜向钢筋可以形成更有效的剪力传递机制，提高墙体耗能能力，减缓刚度退化；可以避免剪切破坏，实现预期的弯曲破坏。

Pauly[21]通过对高宽比为 0.5 低矮剪力墙的试验研究发现，配置斜向钢筋能有效地减少滑移变形，改善墙体变形性能，提高耗能能力。Salonikios 等人[20][25]通过 11 个剪跨比分别为 1.0 和 1.5 的墙体的试验研究得到了相同的结论。

Sittipunt 等人[36]研究了配置斜向钢筋的高宽比为 1.5 的带边柱墙体的受力性能，研究表明边柱导致墙体剪应力较大，容易发生斜压破坏，传统配筋方式无法提高墙体的性

能；而斜向钢筋改变了墙体的传力机制，减少墙底部剪应力，避免斜压破坏，提高了耗能能力。Shaingchina 等人[19]对比了轴力作用下配置斜向钢筋的墙体与传统配筋剪力墙的受力性能，得到了相同的结论。

斜向钢筋可以避免剪力墙腹板斜压破坏，但是当斜向钢筋的压应力比较大时，容易发生屈曲，导致墙体承载力的降低[19][37]。曹万林[38]~[44]用暗支撑代替斜向钢筋，提出了带暗支撑剪力墙，暗支撑是由纵筋和箍筋及其周围的混凝土形成的钢筋混凝土核芯束，可以避免斜向钢筋的屈曲；设置暗支撑可以明显地提高剪力墙的承载力，特别是显著提高耗能能力，侧移刚度退化慢，延性明显改善，抗震能力有较大的提高。

配置斜向钢筋可以显著改善墙体的受力性能，特别是可以控制墙体底部滑移变形，Eurocode 8[45]中规定高宽比小于 2 的剪力墙底部至少 50% 的剪力（在其他潜在的滑移面为 25%，例如施工缝位置）由斜向钢筋承担。

2.4.1.2　配置钢骨或钢板的混凝土剪力墙

在钢筋混凝土剪力墙特别是低矮剪力墙中配置钢骨或钢板承担水平和竖向荷载，可改善剪力墙的破坏形态，提高承载力，延性和耗能能力。

赵世春等人[46]~[48]进行了带 SRC 边框的低剪力墙低周反复荷载试验，试验表明带 SRC 边框低剪力墙延性较好，试件坏而不倒；剪力墙受剪承载力由边框、腹板内钢筋和腹板混凝土三部分共同提供。

刘航等人[49]进行了 6 片带劲性边框的钢筋混凝土低剪力墙的抗震性能试验，研究表明型钢骨架可以改善剪力墙的破坏形态，提高墙体的后期刚度和承载力。

王曙光等人[50]进行了 10 片劲性钢筋混凝土开洞低剪力墙拟静力试验研究，试验结果表明：劲性钢筋混凝土低剪力墙延性更好，承载力有较大的提高，滞回曲线丰满，有较强的塑性变形能力，可显著提高低剪力墙的抗震性能。

廖飞宇等人[52][53]研究了带圆钢管混凝土、方钢管混凝土、型钢混凝土和钢筋混凝土边框柱的低矮剪力墙的抗震性能，结果表明钢管混凝土剪力墙具有更好的抗震性能。

在 SRC 边框的基础上，进一步在截面中部配置型钢，发现中间型钢可以抑制主斜裂缝出现与开展，从而显著提高墙体抗震性能[54][55]。

吕西林等人[56]研究了内置钢板的钢筋混凝土剪力墙的受力性能，表明内置钢板可以改善剪力墙的破坏模式，显著提高峰值承载力和极限变形能力，增强延性和耗能能力，明显提高构件的抗震性能。

Katsuhiko[57]对双层钢板内填混凝土剪力墙进行了研究，这种剪力墙相当于在一个钢盒子中内填混凝土，试验表明试件具有较高的承载力和良好的延性。

在钢筋混凝土剪力墙中配置的斜向钢筋、暗支撑、钢桁架、钢骨（板）等可直接承担水平力，形成有效的内部传力机制，减少混凝土的剪应力水平，避免发生剪切破坏，提高延性和耗能能力。

但在高轴压比下，在低矮剪力墙中配置钢骨对提高抗震性能不明显，魏勇等人[58]的研究证明了这一点。

2.4.2　将剪跨比较小的剪力墙设计成大剪跨比墙柱的组合体

将剪跨比较小的剪力墙设计成大剪跨比墙柱的组合体，形成带缝剪力墙，可以引导剪力墙的破坏模式，将剪切型破坏模式转变为弯曲型或弯剪型，提高抗震性能。

带竖缝剪力墙最先由武藤清在 1965 年提出[59]，即在整体墙上设置若干条竖向平行的通缝，缝中钢筋断开，墙体转变为一系列墙柱组成的通缝墙，墙体的破坏模式由整体墙的剪切破坏转变为墙柱的弯曲破坏，提高了抗震性能。带竖缝剪力墙虽然提高了延性，但是初期刚度和承载力降低较多[59]。

在通缝墙的基础上，国内研究者改变通缝部位的构造形成不同类型的剪力墙。

夏晓东[60]提出了带缝槽剪力墙，即墙体中设置若干竖向缝槽，缝槽处混凝土厚度为墙体厚度的一半，钢筋不截断。带缝槽剪力墙兼有整体墙和通缝墙的优点，承载力和早期刚度比整截面墙降低不多，显著提高了延性。但是破坏时墙肢的剪切斜裂缝较多，在后期承载阶段缝槽处的混凝土没有显著退出工作。

戴航[61]提出了开水平缝的剪力墙，即在墙体上沿对角线方向设置首尾连接的阶梯状水平缝槽。这种剪力墙弹性阶段刚度较大，弹塑性阶段预设水平缝槽起到引导裂缝走向的作用，避免剪切斜裂缝迅速扩展，提高了墙体的延性和承载力稳定性，而承载力降低较少。

李爱群开发了竖缝内设置摩阻装置的剪力墙[62]，这种剪力墙是在墙板中沿整个高度开设一定数量的竖向通缝，整截面墙转变为若干墙柱的组合体，通过通缝处的摩阻控制装置把竖缝两侧的墙柱联结起来，组成摩阻装置的两层钢夹板在地震作用下的往复错动耗散地震能量。这种墙体耗能性能较好，具有良好的工作性能。

吕西林等人[34]研究了竖缝内填充氯丁橡胶带的剪力墙，在地震作用下通过橡胶和混凝土间的摩擦以及橡胶的变形来耗能。这种墙体具有较好的塑性变形能力和较稳定的滞回特性，但是初期刚度和承载力有一定的损失。

高小旺等人[63]对竖缝内放置预制混凝土板的剪力墙进行研究，表明其弹性刚度和承载力比整体墙降低不多，变形和耗能能力得到提高。

叶列平[64][65]提出了在通缝墙的开缝部位设置钢筋混凝土连接键而形成的双功能带缝剪力墙。通过设置连接键，使剪力墙在正常使用荷载下表现出整体墙的工作性能，具有较大刚度和承载力，在强震作用下连接键退出工作，双功能墙自动转变为通缝墙，获得与通缝墙基本一致的变形能力。在此基础上，曹万林等人[66][67]提出了钢筋混凝土带暗支撑双功能低矮剪力墙，具有与双功能带缝剪力墙相似的受力性能。

王新杰[68]提出了内藏竖向软钢耗能带缝低矮剪力墙，通过开竖缝把整体墙分开，使低矮墙体破坏状态由剪切破坏转变为弯剪破坏或弯曲破坏，同时在竖缝内设 X 形软钢和剪切铅块耗能装置，通过竖缝两边墙肢的错动实现耗能，消耗地震输入能量。

李惠等人[69]提出了钢管混凝土耗能低剪力墙，把普通钢筋混凝土低矮剪力墙中部沿横向断开，用钢管混凝土柱联系，利用钢管混凝土柱的塑性变形消耗地震能量。钢管混凝土耗能低矮剪力墙可以明显提高抗震性能，弹性刚度和极限承载力较普通剪力墙降低不多，变形和耗能能力大大提高。

上述改进方案能够改变剪力墙特别是低矮剪力墙的破坏形态，提高剪力墙的弹塑性变形能力和耗能能力，但在一定程度上削弱了剪力墙的承载力和刚度[70]，不利于结构在风荷载和小震下抗震性能目标的实现，而且构造较为复杂，施工难度较大；同时预设缝往往会导致正常使用状态下出现裂缝，影响结构正常使用功能目标。

2.4.3 延缓墙趾混凝土的压溃，提高塑性铰区域延性

剪力墙发生弯曲破坏时，损伤一般集中于底部塑性铰区域，局部承载力劣化严重，墙体容易倒塌，因此规范规定了设置边缘构件、限制轴压比[71]等措施。为了进一步提高墙体抗震性能，国内外学者提出了钢骨混凝土剪力墙或内藏钢桁架剪力墙等，减少塑性铰区域的损伤，提高延性、耗能能力，特别是提高抗倒塌能力。

2.4.3.1 带钢骨(钢管)混凝土边框(暗柱)剪力墙

带钢骨(钢管)混凝土边框(暗柱)的组合剪力墙的钢骨(钢管)混凝土边框(暗柱)对钢筋混凝土墙板具有良好的约束作用，可提高剪力墙的承载力和延性，延缓承载力退化，而且有助于保持竖向承载力，提高抗倒塌能力。

清华大学进行了钢骨混凝土剪力墙研究[72]~[76]，研究表明钢骨剪力墙具有良好的延性和耗能能力，型钢暗柱提高了剪力墙的平面外稳定性，可以提供较强的剪切销栓作用；当塑性铰区混凝土破坏后，型钢暗柱能够抵抗水平荷载和竖向荷载，改善后期变形能力，做到坏而不倒，提高墙体的延性和耗能能力。

钱稼茹等人[77]研究了高轴压比下矩形钢骨混凝土高墙的抗震性能，结果表明钢骨和钢管提高了试件的正截面承载力并使试件具有较长的峰值承载力稳定段；配置圆钢管对试件变形能力的提高作用显著，建议在高轴压比下应采用钢管混凝土剪力墙。

2.4.3.2 内藏桁架的混凝土组合剪力墙

曹万林[78]~[84]研究了内藏桁架混凝土组合剪力墙的受弯性能，表明内藏桁架组合剪力墙具有简单明确的内部传力机制，钢桁架直接传递水平力，减少墙根部混凝土压应力，墙趾混凝土压溃破坏延迟，而且裂缝分布较广，底部塑性耗能区域增大，从而提高了承载力、延性和耗能能力，具有较好的抗震性能。

在高轴压比下，钢骨混凝土剪力墙底部混凝土压碎范围进入非约束范围，墙体会丧失竖向承载力而破坏[85]，因此高轴压比下采用钢骨改善剪力墙抗弯性能有一定的局限性。

2.4.4 改善剪力墙抗震性能的受力机制分析

上述提升剪力墙抗震性能的 3 个途径可归结为两个受力机制，一是"抗"，即途径 1 和途径 3，通过配置型钢或改变钢材的布置方式，让钢材直接抵抗外部荷载：在低矮剪力墙中，采用途径 1，可减少混凝土承担的剪力，避免剪切破坏；在高墙中，采用途径 3，可减少墙趾区域混凝土的压应力，延缓混凝土压溃。另一个是"放"，即途径 2，通过分缝将小剪跨比墙体转变为墙柱组合体，降低墙体剪切刚度，防止剪切破坏。

性能化抗震设计对不同强度等级地震作用下的结构提出分阶段的抗震性能要求。在小震和风荷载作用下，结构要有足够的刚度满足变形控制要求，即需要足够的"抗"的能力；在大震作用下，结构需要有足够的延性、变形能力耗散能量，即要"放"得开。提升剪力墙抗震性能时单纯采用"放"的受力机制，可满足大震下的性能要求，但牺牲了刚度，不利于在风荷载和小震下结构性能目标的实现；单纯采用"抗"的受力机制易于实现风荷载和小震下抗震性能目标，一般可满足大震下的性能要求，但是没有改变损伤和耗能集中于墙体底部塑性铰区域的状况，当轴压比较大时，难以提高墙体抗倒塌能力。

目前的剪力墙抗震性能提升技术大多采用单一的受力机制。虽然双功能带缝剪力墙、

带缝槽剪力墙和缝内放置预制混凝土板的剪力墙等受力过程经历"抗"和"放"两个阶段，但是双功能带缝剪力墙刚度较低，小震时"抗"的能力不足，主要受力机制是"放"；带缝槽剪力墙和缝内放置预制混凝土板的剪力墙难以形成分缝剪力墙，在大震时"放"不开，其主要受力机制是"抗"。

从施工和造价等角度分析，现有的剪力墙性能提升技术一般存在构造复杂、用钢料高、施工难度较大的问题。途径 1 和途径 3 大震时局部混凝土性能劣化严重，难以保持水平和竖向承载力，材料利用效率不高；途径 2 中竖缝削弱了墙体的整体性，材料利用率更低。

现有的钢骨剪力墙主要是在两端集中配置钢骨，或者在墙体内置钢骨架等。CTSRC剪力墙以冷弯薄壁型钢为竖向受力骨架，不再配置竖向钢筋，构造形式与现有的剪力墙不同；CTSRC 剪力墙破坏过程经历整截面墙到分缝墙的过程，峰值荷载前为整截面墙，峰值荷载后演变为分缝墙，避免了剪切破坏和墙体底部集中破坏，显著改善剪力墙的受力性能，提高抗倒塌能力。CTSRC 剪力墙将整个受力过程分为整截面墙体受力阶段和分缝墙体受力阶段，依次自动形成"抗"和"放"两种受力机制，小震下"抗"得住，大震下"放"得开，分别满足了风荷载和小震下抗震性能目标和大震下的性能目标，对其受力性能的研究具有重要意义。

2.5　本章小结

（1）回顾了国内外剪力墙结构和框架-剪力墙结构在历次地震中的表现，指出设置剪力墙可以提高结构抗震性能。

（2）总结了剪力墙的破坏模式，指出破坏模式的目标。

（3）对低矮剪力墙受力性能的研究进行了总结，阐述影响墙体受力性能的主要因素，包括剪跨比、分布钢筋、轴压力等。

（4）总结了提高剪力墙的抗震性能的措施，分析了现有剪力墙抗震性能提升技术的受力机制。

第3章 钢网构架混凝土复合结构多层住宅抗震性能研究

CTSRC 剪力墙结构采用钢模网做免拆模板时，称之为钢网构架混凝土复合结构。为了研究钢网构架混凝土复合结构多层住宅的抗震性能，本章首先通过 4 片 CTSRC 墙体的水平往复拟静力试验，研究这种多层结构的构造措施，以及冷弯薄壁型钢和钢模网对墙体受力性能的影响。在此基础上，进行了一栋足尺模型试验，研究多层结构在水平地震作用下的受力过程、破坏模式、承载能力和变形能力等，分析其抗震性能。最终提出了多层钢网构架混凝土复合结构的设计建议。

本书所述的钢网构架混凝土复合结构多层住宅，非抗震及 6 度不超过 8 层或 24m，7 度不超过 7 层或 21m，8 度不超过 6 层或 18m，9 度不超过 4 层或 12m。

3.1 多层住宅的墙体构造

在钢网构架混凝土复合结构多层住宅中，墙体竖向冷弯薄壁型钢间距一般取 300mm；水平钢拉条主要作用是连接竖向型钢，固定钢模网，组成承受施工荷载的骨架，一般每层设置 4 道：窗户洞口上下各一道，楼面板上下标高处各一道，不考虑其受力作用；墙体不再设置水平钢筋。本章的墙体模型和足尺结构模型均根据上述构造制作。

3.2 墙体试验

3.2.1 试验目的

考虑到钢网构架混凝土复合结构墙体（以下简称"墙体"）的抗震性能优于砌体墙，同时希望设计尽可能简单，因此建议钢网构架混凝土复合结构多层结构的设计目标按满足多层砌体结构抗震性能的要求确定，故主要问题是通过试验研究，确认钢网构架混凝土复合结构墙体的构造措施及墙体承载力和抗震性能不低于相同情况的多层砌体结构墙体。

3.2.2 试验设计

根据墙体基本构造要求，设计了 4 个墙体构件，分为两组，一组为强剪弱弯构件 W1-W0R0 和 W3-W1R0，用于确认墙体的受弯承载力；另一组为强弯弱剪构件 W2-W0R1 和 W4-W1R1，用于确认墙体的受剪承载力。

试件如图 3.1 所示，截面为矩形，尺寸为 1200mm×130mm；加载梁中点到墙底部的高度 1200mm，剪跨比 1.0；墙体顶部加载梁截面 250mm×300mm，底部基础梁截面 400mm×600mm。

各试件截面配筋和冷弯薄壁型钢的配置如图 3.2 所示。W1-W0R0 配置 4 根冷弯薄壁型钢作为竖向受力骨架，未设置水平钢筋和表面钢模网，为基准试件；W2-W0R1 在墙边缘增加 3Φ22 纵向钢筋，形成强弯弱剪构件；W3-W1R0 和 W4-W1R1 是分别在 W1-W0R0 和 W2-W0R1 的基础上配置了钢模网。各试件的具体参数如表 3.1 所示。墙体试件的制作过程如图 3.3 所示。

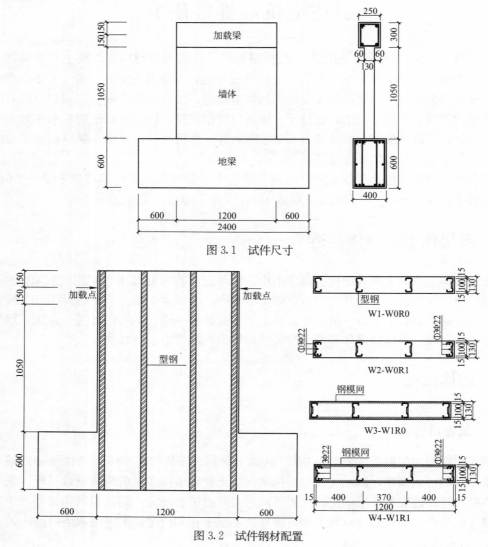

图 3.1   试件尺寸

图 3.2   试件钢材配置

试件参数   表 3.1

序号	试件编号	截面尺寸(mm)	墙高度(mm)	轴压比	钢模网	边缘纵筋	$f_{cu,m}$（MPa）
1	W1-W0R0	130×1200	1200	0.1	无	无	17.1
2	W2-W0R1	130×1200	1200	0.1	无	3Φ22	19.7
3	W3-W1R0	130×1200	1200	0.1	有	无	19.7
4	W4-W1R1	130×1200	1200	0.1	有	3Φ22	17.9

注：$f_{cu,m}$ 为立方体抗压强度平均值。

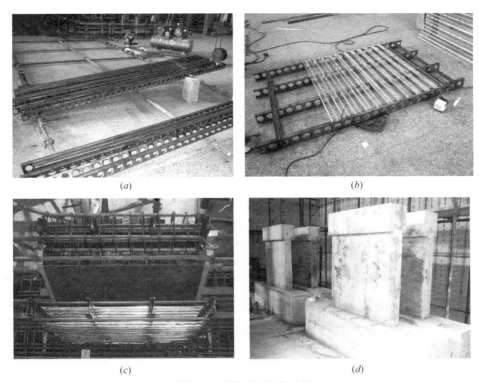

图 3.3 墙体试件制作过程

(a)下料；(b)钢架；(c)支模与就位；(d)构件

试件采用开圆孔的冷弯薄壁型钢(如图 1.1(c)所示，以下简称"型钢")，腹板开孔率为 30%，截面尺寸如表 3.2 所示。钢模网质量为 $1.32\text{kg}/\text{m}^2$，在 V 形肋部位沿水平方向用钢钉固定在型钢上。

型钢截面尺寸　　　　　　　　　　　　　　　　　　　　　　　　　　　　　表 3.2

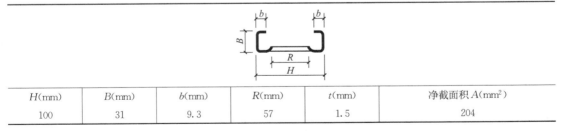

H(mm)	B(mm)	b(mm)	R(mm)	t(mm)	净截面积 $A(\text{mm}^2)$
100	31	9.3	57	1.5	204

墙边缘纵筋采用 HRB335 级钢筋，实测抗拉屈服强度平均值为 399MPa，极限强度平均值为 609MPa；型钢实测抗拉屈服强度平均值为 316MPa，极限强度平均值为 423MPa。

试件混凝土设计强度为 C20，在浇筑墙体时预留 3 个标准立方体试块，与试件同条件养护，试验当天实测立方体抗压强度平均值 $f_{\text{cu,m}}$ 见表 3.1，$f_{\text{cu,m}}$ 依据《普通混凝土力学性能试验方法》确定[86]。其他混凝土强度平均值按以下关系确定[87]：

$$f_{\text{c,m}}=0.76f_{\text{cu,m}} \tag{3-1}$$

$$f_{\text{t,m}}=0.26f_{\text{cu,m}}^{2/3} \tag{3-2}$$

$$f_{\text{c,m}}'=0.8f_{\text{cu,m}} \tag{3-3}$$

式中，$f_{c,m}$、$f_{t,m}$ 和 $f'_{c,m}$ 分别为棱柱体抗压强度、轴心抗拉强度和圆柱体抗压强度的平均值。

混凝土的弹性模量按下式确定[88]

$$E_c = \frac{10^5}{2.2 + \frac{34.74}{f_{cu,m}}} (\text{MPa}) \tag{3-4}$$

3.2.3 试验方法

3.2.3.1 加载方法和加载制度

试验加载装置如图 3.4 所示。试验轴压比为 0.10，相当于设计轴压比 0.18，与 6 层结构底部墙体轴压比相当；试验时根据实测混凝土强度确定竖向荷载值，并在试验过程中保持恒定。

水平加载采用荷载-位移混合控制，加载制度如图 3.5 所示。在弹性阶段，采用荷载控制，加载级差为 40kN，每级荷载反复一次；当试件水平力-位移曲线出现明显拐弯后认为试件屈服，以该级荷载对应的屈服位移为控制位移，以控制位移值的倍数为级差进行加载，每级反复加载2 次[89]，加载至试件破坏。

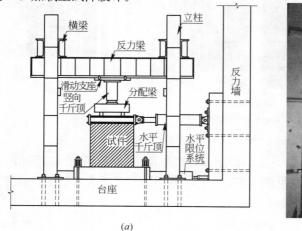

(a)

(b)

图 3.4 加载装置

(a)加载装置示意图；(b)加载装置

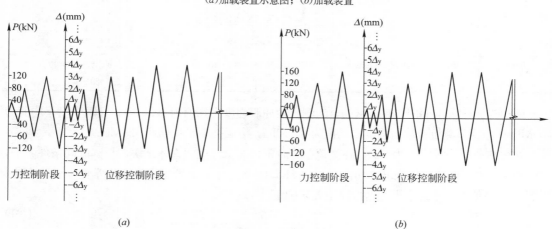

(a)

(b)

图 3.5 试件加载制度

(a)W1-W0R0、W2-W0R1、W1-W1R0；(b)W4-W1R1

3.2.3.2　测点布置

试验中量测了试件的荷载、位移、应变等。测点布置如图 3.6 所示，2 个力传感器测量水平和竖向荷载；11 个位移传感器测量试件顶点和轴线上不同标高处的水平位移。试件中还布置了 20 个应变片，测量了型钢、边缘纵筋等应变。上述试验数据由 IMP 数据采集系统通过计算机实时监控并采集。

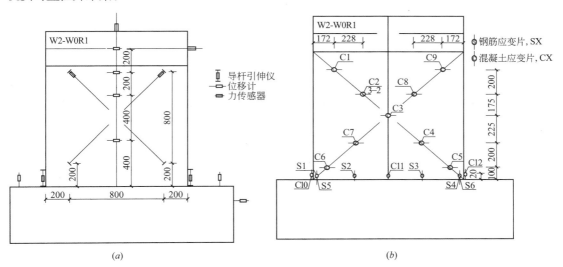

(a)　　　　　　　　　　　　　　　　　(b)

图 3.6　试件测点布置图

(a)位移传感器布置；(b)应变片布置

3.2.4　试验现象

各试件的破坏过程和破坏形态有明显的差异，具体如下。

3.2.4.1　试件 W1-W0R0

W1-W0R0 为基准试件，表面无钢模网，端部无纵筋，为强剪弱弯试件。+80kN 和−64kN（墙顶部水平荷载推为正，拉为负）时，墙体底部出现水平裂缝；+115kN 时底部水平裂缝宽度 0.2mm，−120kN 时为 0.1mm；顶点控制位移+1.2mm 时，沿中部型钢出现细微的竖向裂缝（图 3.6(a)），控制位移−1.2mm 时沿中部另一型钢出现竖向裂缝，宽度为 0.05mm；+166kN 时，出现斜裂缝 1，与水平轴夹角 30°，−166kN 出现斜裂缝 2，此时试件边缘型钢屈服。控制位移−2.4mm 时，斜裂缝宽 0.2mm；顶点位移从 2.4mm 增加到 6.0mm，斜裂缝宽度持续增大。控制位移−7.2mm 时出现斜裂缝 3，控制位移+9.6mm 时，出现斜裂缝 4，这两条裂缝分布在中部型钢之间，为局部斜裂缝。最后两端型钢与墙体分离，受压失稳，构件承载力急剧降低，破坏形态如图 3.8(a)所示，为弯曲破坏，具有较好的延性。

3.2.4.2　试件 W2-W0R1

与试件 W1-W0R0 相比，试件 W2-W0R1 端部纵筋为 3⌀22，为强弯弱剪试件。+110kN 时，墙体底部出现细微的水平裂缝；+138kN 时，出现斜裂缝 1（如图 3.7(b)所示），宽度 0.2mm，从试件边缘高度中点处斜向下延伸到底部中心点，夹角 45°，+150kN 和−131kN 时，沿中部型钢出现竖向裂缝；+204kN 时，中部两个钢骨之间出现斜裂缝 2，斜裂缝 1 宽度为

0.45mm；－173kN 时，在中部型钢与边型钢之间出现斜裂缝 3，与水平轴夹角约 60°；＋243kN 时，出现斜裂缝 4。此后，斜裂缝逐渐增多，基本分布于型钢之间，同时沿型钢的竖向裂缝不断开展，中间两个型钢保护层混凝土逐渐剥落，试件分割为三个墙柱。破坏时的照片如图 3.8(b)所示。W2-W0R1 破坏时边缘型钢没有屈服，竖向裂缝把墙体分隔成剪跨比较大的墙柱组合体，避免出现对角斜裂缝，具有较好的延性。

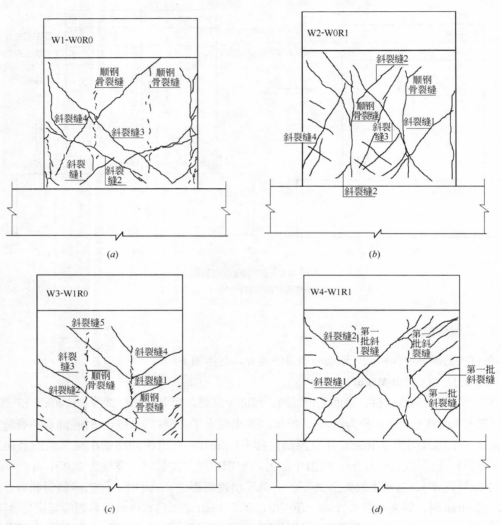

图 3.7　试件裂缝分布

(a)W1-W0R0；(b)W2-W0R1；(c)W3-W1R0；(d)W4-W1R1

3.2.4.3　试件 W3-W1R0

与试件 W1-W0R0 相比，试件 W3-W1R0 表面有钢模网，端部无附加钢筋，为强剪弱弯试件。＋65kN 和－75kN 时，墙体底部出现水平裂缝；＋120kN 时，沿中部型钢出现细微的竖向裂缝；＋160kN 出现斜向裂缝 1（如图 3.7(c)所示），与水平轴夹角约 30°，同级荷载负向出现斜向裂缝 2，裂缝宽度 0.3mm，试件边缘型钢屈服；同级荷载第二循环出现斜裂缝 3，荷载＋180kN 时出现斜裂缝 4，当荷载达到－187kN 出现斜裂缝 5。最终，墙体两侧底部混凝土压碎，一侧底部的型钢断裂，墙体破坏。由于表面有钢模网，沿型钢竖向裂缝开展不明显，表面斜裂缝宽度较小，底部水平裂缝开展较大。破坏时根部型钢拉断，混凝土压溃，为弯曲破坏，破坏形态如图3.8(c)所示。

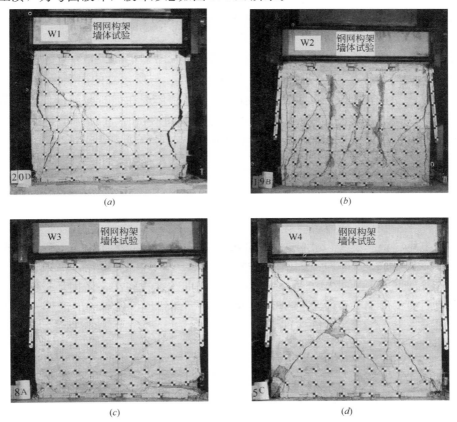

图3.8　试件破坏形态

(a)W1-W0R0；(b)W2-W0R1；(c)W3-W1R0；(d)W4-W1R1

3.2.4.4　试件 W4-W1R1

与试件 W2-W0R1 相比，试件 W4-W1R1 表面有钢模网，端部有附加钢筋，为强弯弱剪试件。−144kN 时，墙体根部出现水平裂缝。+200kN 时，出现 4 条斜裂缝，其中斜裂缝 1 贯穿整个墙体(如图 3.7(d)所示)，与水平轴夹角 45°。−190kN 时，沿中部型钢出现细微竖向裂缝；−240kN 时出现斜裂缝 2，与水平轴夹角约 45°，与斜裂缝 1 交叉；此后随着荷载增加，斜裂缝 1 和斜裂缝 2 裂缝宽度增加，钢模网断裂，混凝土剥落。最终这两条斜裂缝宽度大于 3mm，两侧混凝土发生错动，承载力降低而剪切破坏，破坏形态如图 3.8(d)所示。

3.2.4.5　试件破坏特点

W1-W0R0 和 W3-W1R0 试件的端部未配置纵筋，是强剪弱弯构件，破坏时端部型钢屈服，底部混凝土压溃，为弯曲破坏。两试件的差别在于是否配置钢模网，破坏过程也有所区别。W1-W0R0 试件无钢模网，在水平荷载下沿型钢的竖向裂缝开展比较明显，最终端部型钢受压整体屈曲，丧失竖向承载力；W3-W1R0 表面钢模网限制了沿型钢的竖向裂缝的开展，端部型钢屈服后墙体上部裂缝宽度较小，根部水平裂缝开展较大，破坏时根部型钢拉断，混凝土压溃。

W2-W0R1 和 W4-W1R1 试件的端部配置纵筋，是强弯弱剪构件，在极限荷载时，端部型钢和纵筋受拉没有屈服，墙体承载力明显提高。竖向裂缝的出现使斜裂缝主要分布在型钢之间，避免了对角斜裂缝的发展。W2-W0R1 的竖向裂缝将墙体分割成 3 个墙柱，整截面墙转变为分缝剪力墙，延性较好。W4-W1R1 中钢模网使墙体整体性增强，没有形成分缝剪力墙，破坏时墙体斜裂缝少而宽，为斜拉破坏，延性较差，但承载力略高。可见，墙端部配置纵筋可提高墙体承载力，配置钢模网阻碍了沿型钢的竖向裂缝的开展。

由于 C 形钢的特殊形状，型钢与混凝土结合良好，与所包裹的混凝土形成组合暗柱。组合暗柱能够承受竖向荷载，提供受剪承载力，其作用体现在强弯弱剪构件 W4-W1R1 的破坏过程中。该试件在峰值荷载后，主斜裂缝宽度超过 3mm，将墙体分成两部分，但是斜裂缝两边混凝土没有出现明显错动，墙体仍能承受水平荷载，可见与斜裂缝相交的组合暗柱提供了一定的受剪承载力。

3.2.5　试验结果

3.2.5.1　水平力-位移滞回曲线

图 3.9 为试件顶点水平力-位移滞回曲线。可以看到，开裂前试件基本处于弹性工作状态。随着荷载增大，加载时滞回曲线斜率逐渐减小，试件刚度退化，滞回环面积逐渐增大。强剪弱弯构件 W1-W0R0 和 W3-W1R0 的滞回曲线捏拢较小，滞回环较饱满，延性较好；而强弯弱剪构件 W2-W0R1 和 W4-W1R1 的滞回曲线捏拢较大，但承载力较高。

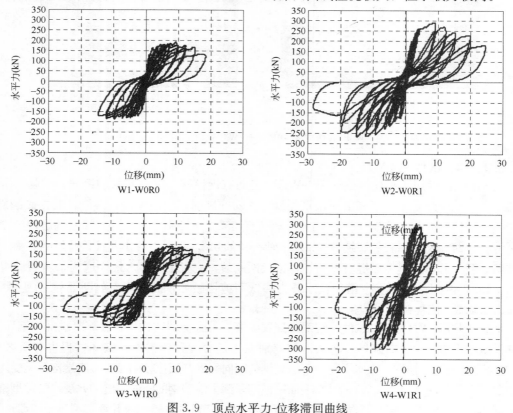

图 3.9　顶点水平力-位移滞回曲线

3.2.5.2 水平力-位移骨架曲线

将试件顶点水平力-位移滞回曲线各峰值点连线得到的骨架曲线如图3.10所示。强剪弱弯构件 W1-W0R0 和 W3-W1R0 的骨架曲线基本重合，表明受弯破坏时，钢模网对构件受力影响不明显；峰值荷载后，两个试件的骨架曲线下降平缓，有较好的延性。强弯弱剪构件 W2-W0R1 无钢模网，破坏时纵向钢筋和型钢没有屈服，竖向裂缝的出现和开展使墙体具有与弯曲破坏相似的骨架曲线特征，而极限承载力明显提高。强弯弱剪构件 W4-W1R1 的承载力比无钢模网的

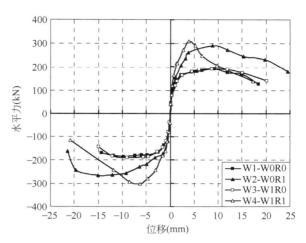

图 3.10 顶点水平力-位移骨架曲线

W2-W0R1 的承载力有所提高，但因钢模网阻碍了竖向裂缝的发展，其破坏形态转变为剪切斜拉破坏，达到极限荷载后，承载力下降较快，延性较差。

3.2.5.3 小结

由上述四个墙体的试验结果可知，W3-W1R0 试件的受力性能较好，适合于多层结构。另一方面，值得注意的是无钢模网的 W2-W0R1 试件受力性能比 W3-W1R0 试件更优越，这对于本书第 4～7 章所研究的高层冷弯薄壁型钢混凝土剪力墙结构体系，是值得借鉴的一种合理的破坏模式，第 4～7 章将对这种具有较高承载力、且又通过自动分竖缝使墙体形成具有延性破坏特征的剪力墙展开系统的研究。

3.2.6 试验结果分析

3.2.6.1 位移延性

延性是反映结构、构件或材料塑性变形能力的度量指标。位移延性一般用式(3-5)的延性系数 μ_Δ 表达。

$$\mu_\Delta = \Delta_u / \Delta_y \qquad (3-5)$$

式中，Δ_y 为屈服位移，Δ_u 为极限位移。

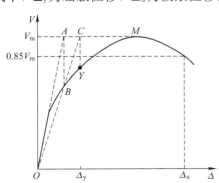

图 3.11 几何作图法确定屈服点

本章采用几何作图法确定各试件的名义屈服点[87]，得到名义屈服荷载 V_y 和名义屈服位移 Δ_y。几何作图法如图 3.11 所示，作直线 OA 与骨架线初始段相切，与过峰值荷载点的水平线交于 A，做垂线 AB 与骨架线交于 B，连接 OB 并与水平线交于 C 点，做垂线得到屈服点 Y。极限位移 Δ_u 为试件达到极限点时的顶点水平位移，极限点定义为承载力下降至最大承载力 85% 时的状态点。

各试件的开裂点、名义屈服点和极限点的荷载及相应位移，以及位移延性系数见表 3.3。由表

3.3 可知，端部配置附加纵筋后，开裂荷载、屈服荷载和峰值荷载都有大幅度提高；当墙体为受弯破坏时，钢模网对承载力没有影响；当为受剪破坏时，钢模网可提高受剪承载力。

主要试验结果　　　　　　　　　　　　　　　　　　　　表 3.3

试件编号		开裂	屈服		峰值		极限	$H\Delta_y$	$H\Delta_u$	μ_Δ
		V_{cr}(kN)	V_y(kN)	Δ_y(mm)	V_m(kN)	Δ_m(mm)	Δ_u(mm)			
W1-W0R0	推	80	134	1.19	191	9.18	15.60	1008	76	13.1
	拉	64	129	1.10	185	9.80	14.43	1090	83	13.1
W2-W0R1	推	110	197	2.00	289	8.85	14.83	600	81	7.4
	拉	105	174	1.47	267	15.11	20.35	816	59	13.8
W3-W1R0	推	65	108	1.29	192	8.72	17.18	983	70	13.4
	拉	75	135	1.15	190	8.99	13.99	1048	86	12.2
W4-W1R1	推	136	206	1.25	308	3.86	6.17	960	194	4.9
	拉	144	178	1.52	303	6.32	11.05	789	108	7.3

各试件的屈服位移角在 1/1000 左右，极限位移角基本大于 1/100。W2-W0R1 和 W4-W1R1 是剪跨比为 1 的低墙，尽管为剪切破坏，但是延性比较好：W2-W0R1 位移延性达到 7.4，表明不配置钢模网时，型钢限制整体斜裂缝开展，墙体自动形成分缝墙，提高了变形能力和延性；W4-W1R1 为剪切斜拉破坏，即使主斜裂缝充分发展，使墙体的峰值后承载力降低较快，但由于型钢暗柱承担了竖向荷载和水平荷载，墙体延性系数达到 4.9。

3.2.6.2　刚度退化

剪力墙的刚度一般用割线刚度来表示。图 3.12 为试件的割线刚度随位移变化的规律。

墙体的侧移刚度在加载过程中一直处于退化状态，在相同位移下刚度最大的是 W4-W1R1，其次是 W2-W0R1，W1-W0R0 和 W3-W1R0 刚度基本相当，小于 W2-W0R1，表明端部附加钢筋可提高墙体侧移刚度，在剪切破坏时，钢模网能提高墙体的侧移刚度。

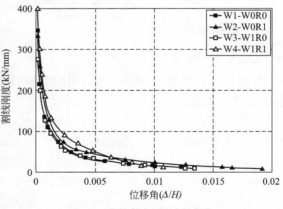

图 3.12　构件侧移刚度变化

3.2.6.3　耗能性能

结构进入弹塑性阶段后，构件的耗能能力对结构抗震能力具有非常重要的意义。本书用式(3-6)定义的等效黏滞阻尼系数 β 作为评价构件耗能性能的指标[90]（如图 3.13 所示）。

$$\beta = \frac{1}{2\pi} \frac{S_{BAC} + S_{CBD}}{S_{ODE} + S_{OAF}}$$
(3-6)

图 3.14 给出了各试件的等效黏滞阻尼系数 β，可见弯曲破坏构件的耗能性能优于剪切破坏构件，表面配置钢模网可提高构件的耗能能力。

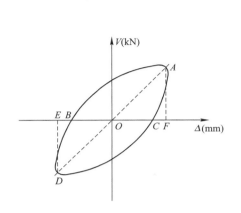

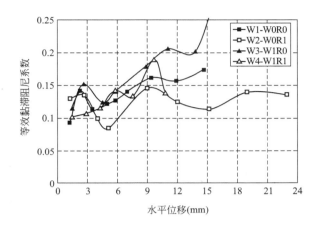

图 3.13 等效黏滞阻尼系数计算示意图　　　　图 3.14 试件的等效黏滞阻尼系数

3.2.7 承载力计算

墙体的正截面受弯承载力计算依据《钢骨混凝土结构设计规程》（YB 9082—2006）[91] 规定，公式为：

$$N=\alpha_1 f_c \xi b h_0 + f_y' A_s' - \sigma_s A_s + N_{sw} \tag{3-7}$$

$$Ne=f_c\xi(1-0.5\xi)bh_0^2 + f_y'A_s'(h_0-a_s')+M_{sw} \tag{3-8}$$

式中，$f_y'A_s'$ 为端部钢筋和型钢总有效强度；N_{sw} 和 M_{sw} 分别为中部型钢提供的轴力和弯矩，计算方法与钢筋混凝土墙体中分布钢筋相同。

《钢骨混凝土结构设计规程》给出的墙体受剪承载力计算公式为[91]为：

$$V \leqslant \frac{1}{\lambda-0.5}\left(0.5f_t b_w h_{w0}+0.13N\frac{A_w}{A}\right)+f_{yh}\frac{A_{sh}}{s}h_{w0}+0.15f_{ssy}\sum A_{ss} \tag{3-9}$$

试验表明，钢模网提供的受剪承载力较小，不考虑其抗剪作用。W2-W0R1 和 W4-W1R1 的端部附加纵筋包裹在型钢柱里，能够与型钢共同抗剪，故将钢筋面积折算成型钢面积。

按式（3-7）~式（3-9），计算得到各试件的承载力如表 3.4 所示，W1-W0R0 和 W3-W1R0

								承载力计算值与试验值 表 3.4

试件	V_m(kN)	H(kN)	V_{c1}(kN)	V_{c2}(kN)	破坏类型	V_m/V_{c1}	V_m/V_{c2}	V_m/H
W1-W0R0	191	145	165	165	弯曲破坏			1.32
W2-W0R1	289	574	254	182	剪切破坏	1.14	1.58	
W3-W1R0	192	158	182	182	弯曲破坏			1.22
W4-W1R1	308	566	242	170	剪切破坏	1.27	1.81	

注：V_m 为试件的峰值荷载试验值；V_{c1} 为按照式（3-9）计算值，将端部钢筋折算成型钢面积；V_{c2} 不考虑端部钢筋；H 为按照式（3-7）、式（3-8）计算得到的正截面承载力所对应顶点水平力。

的正截面承载力计算值小于斜截面承载力计算值,发生弯曲破坏;W2-W0R1 和 W4-W1R1 斜截面承载力计算值远小于正截面承载力计算值,发生了剪切破坏;将端部 C 形钢范围内的纵筋视为型钢计算受剪承载力,计算结果与试验结果吻合较好,且偏于安全。

3.2.8   墙体试验结论

按照钢网构架混凝土复合结构多层住宅的构造方法制作了 4 个墙体并进行试验研究,得到以下结论:

(1)墙体中型钢和混凝土能够共同工作,具有较好的受力性能,证明了这种新型结构构件的实用性和可靠性。

(2)增加墙体端部纵向钢筋,可以提高墙体开裂荷载、屈服荷载、峰值荷载和刚度。

(3)墙体受弯破坏时,钢模网对承载力和刚度没有影响;受剪破坏时,能够提高墙体的承载力和刚度。

(4)竖向冷弯薄壁型钢与混凝土形成组合暗柱,承受竖向荷载,提供抗剪销栓力,提高墙体的延性。

(5)墙体的受弯承载力可以依据《钢骨混凝土结构设计规程》(YB 9082—2006)的规定计算,将竖向型钢等效为钢筋;受剪承载力依据《钢骨混凝土结构设计规程》确定,不考虑钢模网的作用,端部 C 形钢约束范围内钢筋可折算成型钢面积。

3.3   多层结构模型抗震试验

3.3.1   试验目的

以抗震设防烈度 8 度的多层砌体结构抗震性能要求为目标,通过足尺模型试验,研究多层钢网构架混凝土复合结构的抗震性能,并验证构造措施的有效性。

3.3.2   试验设计

以六层住宅结构的一个单元作为原型结构,按照 1:1 的比例建造了试验模型。震害经验和类似结构模型试验的结果表明[92]~[94],水平作用下墙体结构的破坏主要发生在底部各层。因此试验模型设计为三层,用以模拟六层住宅中的下部三层,第四~六层的自重及活载通过在模型顶部施加竖向预压力模拟,水平荷载根据六层结构的地震作用确定。模型的平面图和剖面图如图 3.15 和图 3.16 所示。模型总高度为 9.7m,其中基础梁高 0.6m,加载梁高 0.5m,一层层高 2.8m,二、三层层高为 2.9m。模型受力方向有三片剪力墙,①轴墙体为整体墙,高宽比为 1.22,②轴墙体为整体墙,高宽比为 2.87,③轴墙体为双肢墙。

模型所用的钢骨架由腹板开孔的冷弯薄壁 C 形钢和冷弯槽钢拉条组成,截面尺寸见表 3.5。冷弯薄壁型钢的强度实测值见表 3.6,混凝土实测抗压强度平均值见表 3.7,为确保模型能够破坏,底层混凝土强度较低。

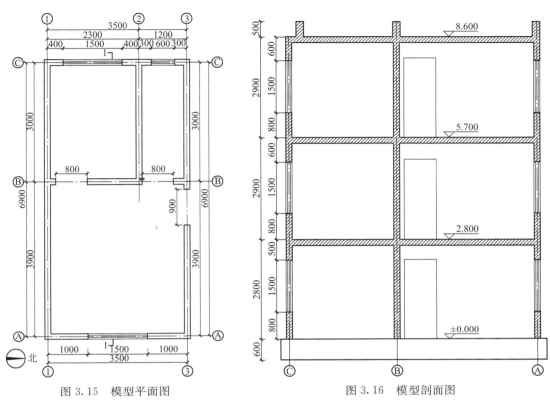

图 3.15 模型平面图   图 3.16 模型剖面图

| 型钢截面尺寸 | | | | | | | 表 3.5 |

	H(mm)	B(mm)	b(mm)	R(mm)	厚度 t (mm)	净截面积 (mm²)
墙体用 C 形钢	100.42	31.12	9.31	56.93	1.5	203.67
楼板用 C 形钢	89.85	43.87	11.77	46.6	2.0	309.06
拉条（U 形钢）	45.3	10.48	0	0	2.0	132.32

钢材屈服强度和极限强度		表 3.6
	屈服强度 f_y(MPa)	极限强度 f_u(MPa)
楼板 C 形钢	317	431
墙体 C 形钢	316	423
拉条槽钢	313	423

混凝土抗压强度		表 3.7
楼层	混凝土设计强度	$f_{cu,m}$(MPa)
一层	C20	17.0
二层	C20	27.3
三层	C20	27.5

模型按照实际应用的构造和施工工艺建造。模型墙体的厚度为 130mm，保护层厚度为 15mm。C 形钢间距为 300mm，在每片墙体两端 300mm 范围内增加一个型钢，构成端部加强构件。每层布置四道水平拉条：窗户洞口上下各一道，墙顶、墙底各一道，用钢钉和自攻螺丝固定在 C 形钢上，一层受力方向墙体的钢骨架布置如图 3.17 所示。钢模网重量为 1.32kg/m²，在 V 形肋部位用钢钉固定在钢骨架上。

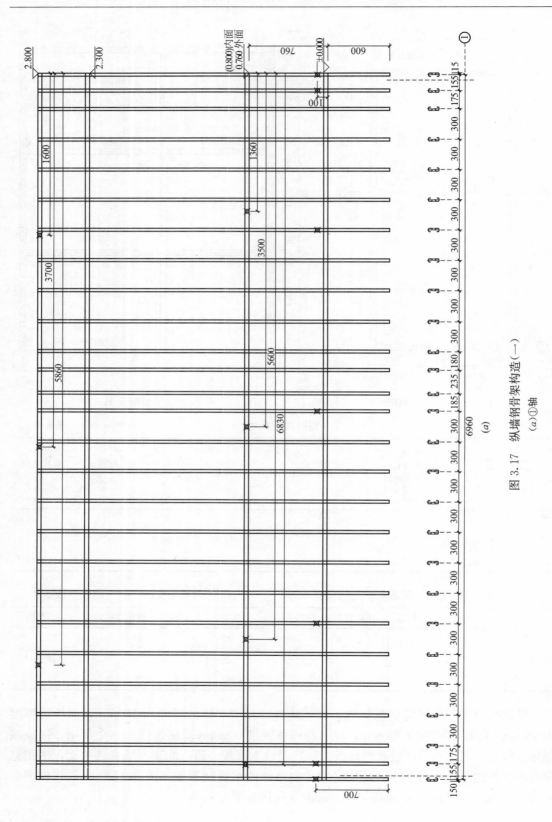

图 3.17　纵墙钢骨架构造（一）

(a)①轴

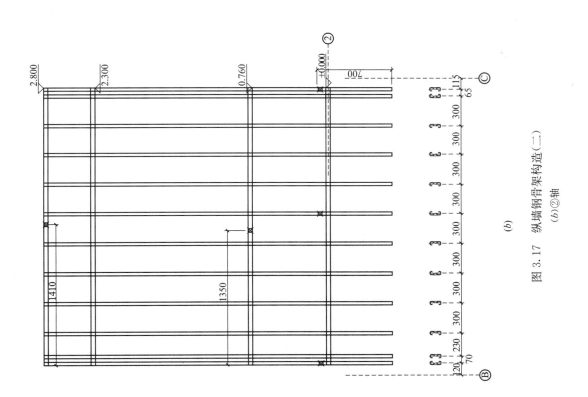

(b)

图 3.17 纵墙钢骨架构造（二）

(b)②轴

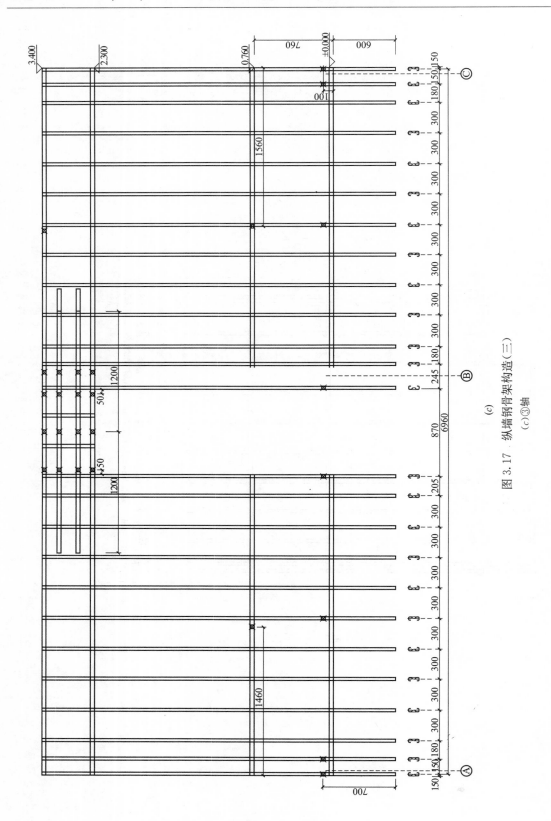

图 3.17　纵墙钢骨架构造（三）

(c) ③轴

为保证墙体共同工作，在纵、横墙相交处布置了附加 L 形扁钢拉条，截面为—40×1.5，间距 600mm，在楼板上下各 600mm 范围内加密为 200mm，如图 3.18 所示。门窗洞口上设置连梁，③轴墙体连梁的构造方法如图 3.19 所示。

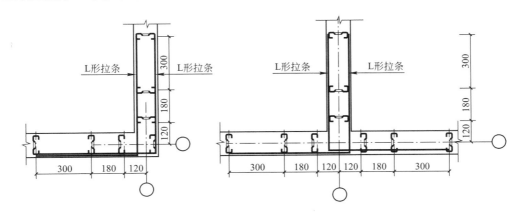

图 3.18 纵横墙相交处附加拉条布置

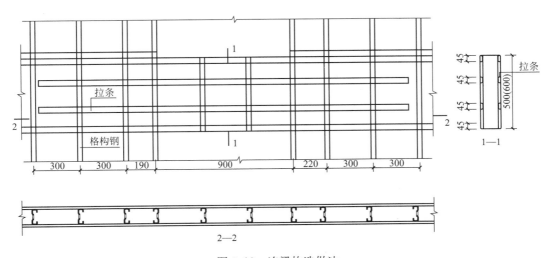

图 3.19 连梁构造做法

楼板的 C 形钢沿南北方向布置，仅在底面固定钢模网。楼板钢骨架搁置在墙体顶端的横向拉条上，锚固长度为 120mm。

墙体 C 形钢在基础梁内的锚固长度为 500mm。在一层顶板标高处 C 形钢断开，通过设置竖向插筋和剪力键传递荷载，竖向插筋布置在纵横墙相交处，每处设置 8φ8，长度为 360mm；剪力键为 100mm 长的 C 形钢，沿墙体间隔 600mm 布置；竖向插筋和剪力键在混凝土初凝前插入，如图 3.20 所示。Ⓑ轴～Ⓒ轴间二层和三层墙体钢骨架整体加工、安装，C 形钢在二层顶板处连续，其余部位墙体 C 形钢在二层顶板处断开，设置插筋和剪力键。

模型施工过程如图 3.21 所示，完成的模型如图 3.21(h) 所示，模型基础通过丝杠固定在试验台座上。

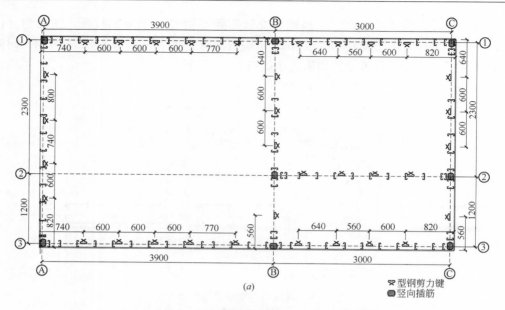

(a)

⋈ 型钢剪力键
◉ 竖向插筋

(b)

图 3.20　层间竖向插筋和剪力键布置图

(a)层间连接；(b)实拍照片

(a)

(b)

图 3.21　模型制作过程（一）

(a)施工基础梁；(b)连接拉条与 C 形钢

图 3.21 模型制作过程（二）

(*c*)固定钢模网；(*d*)加工钢骨架；(*e*)吊装钢骨架；(*f*)浇筑混凝土；(*g*)整体吊装钢骨架；(*h*)完成

3.3.3 试验方案

3.3.3.1 加载装置

模型的加载装置包括水平加载装置和竖向加载装置，加载装置布置如图 3.22。

模型采用三层结构模拟六层结构的性能，需要在顶部施加水平荷载和竖向荷载模拟上部三层结构的水平作用和重力荷载。根据底部剪力法，将六层结构的上部三层产生的水平地震作用等效为作用于三层顶部的水平集中力；下面三层的地震作用相对较小，也近似作用到三层顶部，如图 3.23 所示。

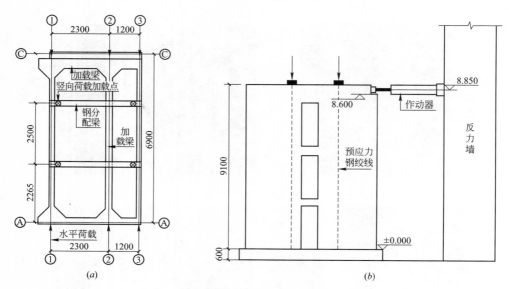

图 3.22 模型加载布置图
(a)荷载施加位置；(b)荷载加载系统

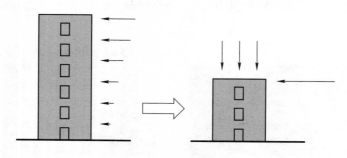

图 3.23 结构受力等效

模型楼面活荷载取 $2kN/m^2$，附加恒载 $3kN/m^2$，则上部三层结构的等效重力代表值为 970kN，通过 8 根预应力钢绞线施加到两根钢分配梁上，再施加到模型顶部加载梁上，由钢分配梁下的压力传感器监控竖向荷载的变化。通过调整加载点的位置和荷载，使竖向荷载的合力点与模型重心重合。钢绞线穿过楼板预留孔洞，两端锚固在屋顶钢梁和试验室台座中。模型在试验中的水平变形相对于结构总高度很小，预应力筋产生的水平分力对水平加载的影响可以忽略。水平荷载通过 2 个最大荷载 1000kN 的千斤顶施加于三层顶部。

为了有效地传递荷载，在模型顶部设置了刚度较大的加载系统，由钢筋混凝土梁和钢拉杆组成，如图 3.24 所示。垂直于荷载方向的南北向加载梁刚度非常大，保证千斤顶荷载的均匀传递。东西向每片墙体上部都设置了连系梁，连接南北向加载梁，墙体 C 形钢伸入连系梁内，保证加载系统的整体性。千斤顶的拉力靠钢拉杆作用于南北向加载梁上，使模型两个方向都受到推力作用。钢拉杆为直径 32mm 的钢棒，每个千斤顶上设置 8 根。

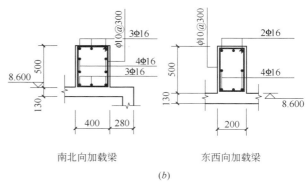

南北向加载梁 东西向加载梁

(a) *(b)*

图 3.24 顶部加载系统

*(a)*顶部加载装置图；*(b)*加载梁构造

3.3.3.2 量测装置

试验测量内容包括位移、力、应变，共有 162 个测点。

位移计的布置如图 3.25 所示，测量了绝对位移、层间相对位移等。在一层和二层的钢骨架上设置了应变片，如图 3.17 所示。通过力传感器监测屋顶钢分配梁支座处竖向荷载和水平千斤顶荷载。上述数据由 IMP 数据采集系统通过计算机实时监控并采集。

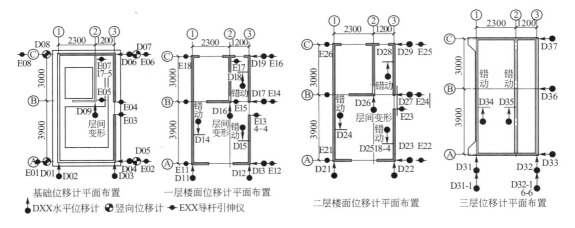

基础位移平面布置　　　一层楼面位移计平面布置　　　二层楼面位移计平面布置　　　三层位移计平面布置

●DXX水平位移计　◎竖向位移计　◆EXX导杆引伸仪

图 3.25　位移传感器布置

3.3.3.3 加载方案

试验过程包括三个阶段。

第一阶段，施加竖向荷载，总荷载值为 975kN，连续监控 120h，结果表明钢绞线拉力保持稳定。

第二阶段，非破坏试验阶段。施加水平荷载，模型顶点最大控制位移为 3.2mm，分 3 级施加，每级位移往复循环 3 次，初步获得模型的信息，同时检查仪器设备、仪表的工作状态。

第三阶段，破坏试验阶段。施加水平荷载，模型顶点处各级加载控制位移见表 3.8，每级位移往复循环 3 次，加载制度如图 3.26 所示。当水平荷载下降到峰值荷载的 85% 时，试验结束。

由于模型的平面刚度分布不均匀，为了避免结构扭转，水平加载时采用位移控制，两个千斤顶同步加载。

第二次水平加载控制位移　　　　　　　　　　　　　　　　表 3.8

	1	2	3	4	5	6	7	8	9
控制位移			$H/2000$	$H/1500$	$H/1000$	$H/750$	$H/500$	$H/250$	$H/148$
位移(mm)	1.6	3.2	4.3	5.8	8.6	11.5	17	34	58

注：H 为模型总高度。

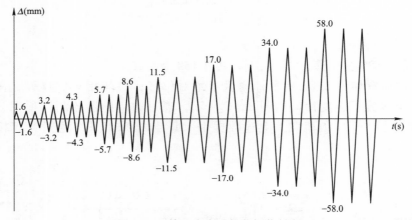

图 3.26　第二次水平加载加载制度

3.3.4　第一次水平加载试验结果

第一次水平加载的模型顶点位移达到 3.2mm 时，二层③轴的连梁出现细微竖向裂缝，一层①轴墙体根部西侧出现水平裂缝，裂缝宽度均小于 0.1mm。在水平荷载作用下，模型顶点水平力-位移基本呈线性关系，如图 3.27 所示。各循环最大水平力和割线刚度如表 3.9 所示。可以看到，随着控制位移增大，模型刚度略有降低，最小刚度比初始刚度降低了 11.3%。

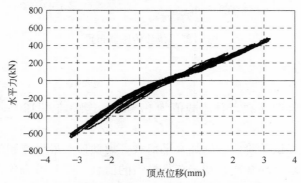

图 3.27　第一次水平加载水平力-位移滞回曲线

	循环序号	1	2	3	4	5	6	7	8	9
推向	位移(mm)	1.74	1.88	1.74	2.78	2.70	2.69	3.23	3.30	3.28
	水平力(kN)	293	313	302	415	411	412	477	475	474
拉向	位移(mm)	−1.79	−1.89	−1.80	−2.81	−2.88	−2.83	−3.35	−3.32	−3.31
	水平力(kN)	−365	−365	−346	−552	−552	−527	−643	−623	−623
	刚度(kN/mm)	186	180	182	172	172	170	170	165	166

3.3.5 第二次水平加载试验结果

3.3.5.1 破坏过程

当模型顶点水平控制位移为 3.2mm 时，水平荷载为 +488kN（推力）和 -688kN（拉力），在一层①轴、②轴和③轴墙体根部出现多条水平裂缝；①轴二层墙体根部出现水平裂缝；一层垂直于受力方向的Ⓐ轴墙体上出现一条水平裂缝，③轴连梁上出现了细微裂缝。

顶点水平控制位移 4.4mm 时，水平荷载为 +660kN 和 −893kN，一层①轴墙体端部水平裂缝增多，水平裂缝延伸到墙体中间倾斜为斜裂缝。Ⓐ轴墙体水平裂缝增多，Ⓒ轴墙体出现多条水平裂缝。一层③轴连梁两端出现竖向裂缝。墙体水平裂缝宽度达到 0.1mm。

顶点水平控制位移 8.6mm 时，水平荷载增加到 +1037kN 和 −1029kN。一层①轴墙体端部水平裂缝宽度增大，两个方向的斜裂缝在墙体中部相交。②、③轴墙体的水平裂缝增多。一层③轴连梁端部竖向裂缝增多，同时出现斜裂缝。墙体水平裂缝宽度为 0.2mm。

顶点水平控制位移 11.5mm 时，水平荷载为 +1259kN 和 −1316kN，一层①轴墙体斜裂缝增多，在墙体中部相交。二层墙体根部水平裂缝逐渐延伸。一层②、③轴墙体上出现斜裂缝。墙体最大裂缝宽度为 0.4mm。此后随着荷载增大，裂缝宽度不断增大，墙体水平裂缝都延伸发展为斜裂缝。一层③轴连梁上的斜裂缝数量增多。

此后，裂缝宽度逐渐增大。顶点水平控制位移 17.0mm 时，荷载为 +1525kN 和 −1628kN，二层①轴墙体根部水平裂缝延伸贯通，最大宽度达到 1.5mm，开始出现水平错动，达到 1.2mm。在三层墙体根部出现了水平裂缝。此后，控制位移逐步增大，荷载变化不大。当顶点水平控制位移增大到 34.0mm 时，水平荷载达到最大值 +1622kN 和 −1724kN，第一循环时，①轴一层、二层间墙体端部的竖向插筋锚固失效，二层墙体根部的裂缝宽度迅速增大到 10mm 以上，超过仪表量程。在第二循环时，①轴一层、二层墙体间错动达到 10mm 以上，超过了仪表量程，伴之以巨大的响声，一层墙体出现宽度大于 5mm 的斜裂缝，与之相交的水平钢拉条拉断，承载力下降，②和③轴的一层、二层墙体间的错动增大到 2.5mm，如图 3.28(a) 所示。

当顶点水平控制位移达到 +58.2mm 和 −57.2mm，承载力降低至峰值荷载的 85% 以下，试验结束。此时①轴一层、二层墙体间沿水平缝错动明显（图 3.28(b)），模型没有出现混凝土受压破坏现象；受力方向的一层墙体裂缝有水平弯曲裂缝、剪切裂缝，局部的钢模网和水平钢拉条被拉断；③轴一和二层的连梁有明显的破坏现象，主要是端部的垂直裂缝较宽，出现较多的斜裂缝；一层连梁下部拉条的栓钉破坏，拉条进出，如图 3.29 所示。

沿受力方向的墙体的破坏过程如图 3.30 所示，随着荷载增大，依次出现了墙体弯曲裂缝、连梁开裂、墙体剪切裂缝、层间水平裂缝贯通，最终发生了层间水平错动。

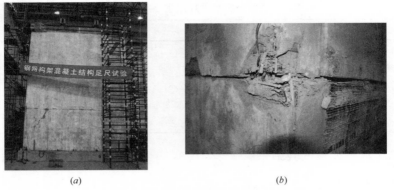

(a)   (b)

图 3.28   一、二层层间错动破坏

(a)模型破坏；(b)层间错动

(a)   (b)

图 3.29   连梁破坏

(a)连梁破坏；(b)拉条进出

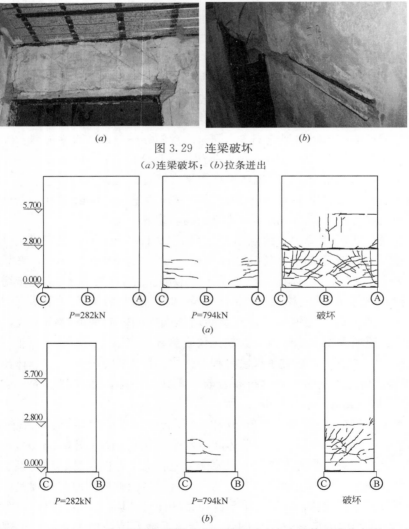

图 3.30   282kN，794kN 和破坏荷载作用下模型受力方向墙体裂缝分布图（一）

(a)①轴墙体；(b)②轴墙体

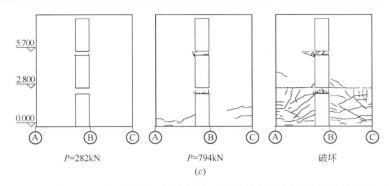

P=282kN　　　　P=794kN　　　　破坏

(c)

图 3.30　282kN，794kN 和破坏荷载作用下模型受力方向墙体裂缝分布图（二）

(c) ③轴墙体

模型一层的Ⓐ轴墙体、Ⓑ轴墙体和Ⓒ轴墙体也出现较多水平裂缝，破坏时裂缝分布情况如图 3.31 所示，表明纵横墙间的连接构造能够保证垂直于受力方向的墙体作为翼缘参与结构受力。

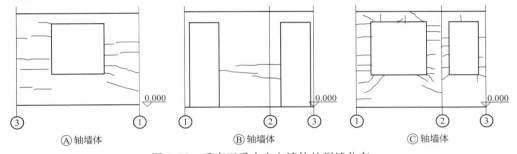

Ⓐ轴墙体　　　　　Ⓑ轴墙体　　　　　Ⓒ轴墙体

图 3.31　垂直于受力方向墙体的裂缝分布

3.3.5.2　变形曲线

在水平荷载作用下，第二次加载过程模型顶点水平力-位移滞回曲线如图 3.32 所示，可以看到，结构的滞回曲线较饱满。图 3.33 为水平力-位移骨架曲线，采用几何作图法确定模型的屈服点，模型的极限点取为最大承载力下降15%的点。各特征点对应的荷载、位移等见表 3.10，模型的位移延性系数为 3.89(推) 和 4.76(拉)，有较好的延性。

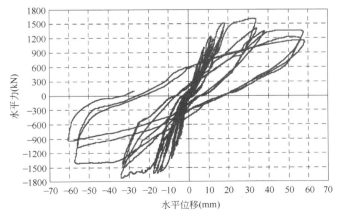

图 3.32　第二次加载顶点水平力-位移滞回曲线

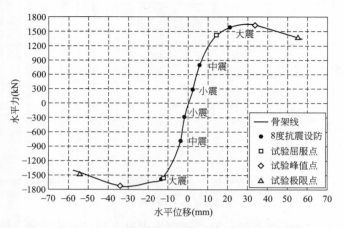

图 3.33 第二次加载顶点水平力-位移骨架曲线

模型各特征点对应的特征值及位移延性系数   表 3.10

水平力方向	屈服点		峰值点		极限点位移 (mm)	位移延性系数
	荷载(kN)	位移(mm)	荷载(kN)	位移(mm)		
推向	1430	14.21	1622	33.61	55.25	3.89
拉向	1571	11.40	1724	34.01	54.30	4.76

3.3.5.3 结构变形模式

根据模型各层楼板处的水平位移绘出各级控制位移第一循环时的变形图，如图 3.34 所示。在控制位移较小时，变形沿模型高度基本呈线性变化。随着控制位移增大，结构各层变形逐渐增大。当水平裂缝贯通以后，由于相邻层墙体发生了水平错动，同时层间裂缝引起上部墙体刚体转动，二、三层的变形增长迅速。图 3.35 为各特征点对应的层间错动变形的平均值，墙体底部的型钢锚入基础梁，水平错动可以忽略；一、二层间的水平错动非常明显，峰值荷载时达到了 1.0mm 左右，破坏时接近 5.9mm；二、三层间也存在一定的错动变形。

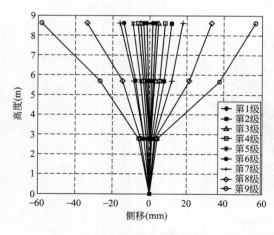

图 3.34 模型整体变形

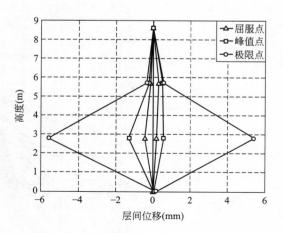

图 3.35 层间相对变形

3.3.5.4 应变分析

在试验中量测了墙体 C 形钢和水平拉条的应变变化规律。

（1）C 形钢应变

沿着受力方向的 3 片墙体根部 C 形钢在不同等级荷载作用下的应变分布规律如图 3.36 所示，横轴为应变片距离加载点的距离，纵轴为应变。

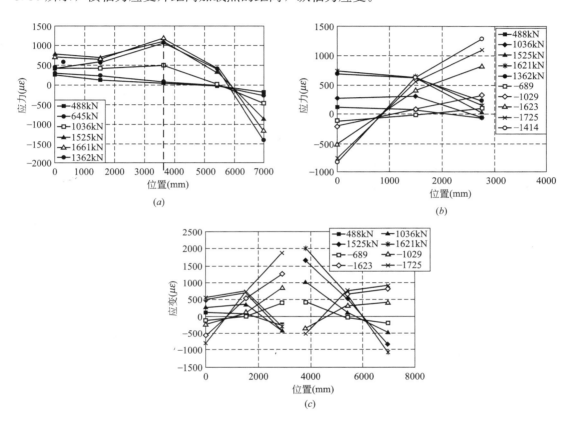

图 3.36 墙根部 C 形钢应变分布规律

（a）①轴墙体；（b）②轴墙体；（c）③轴墙体

① 轴墙体在水平荷载较小时应变分布符合平截面假定；随着荷载增大，受拉一侧应变增长变缓，在峰值荷载时，受拉侧型钢应变减小。墙体应变的变化规律与一层、二层层间裂缝的开展有关，荷载较小时，一、二层层间插筋能有效的将上部荷载传递到一层；一层、二层间开裂后一层底部拉应变滞后，在接近峰值承载力时，插筋锚固失效，一层应变减少。

① 轴墙体离加载点 3630mm 到受压端的应变在整个受力过程中基本符合平截面假定，原因是离加载点 3630mm 处为①轴与B轴墙体的交点，布置的插筋基本没有出现锚固破坏现象，同时纵横墙间设置了附加拉条保证墙体的共同工作，因此墙体从①轴与B轴交点到受压端的应变基本符合平截面假定。

② 轴墙体为整截面墙，高宽比较大，偏置于模型的一侧。在推力作用下，当荷载较小时，墙体受压区非常小，随着荷载增大，墙体全截面都受拉。在拉力作用下，墙体一端

受拉，一端受压，中性轴稍偏向受压区。

③ 轴为双肢墙，连梁跨度为 900mm，一层连梁高度 500mm，二层高度 600mm，三层连梁与加载梁浇筑在一起。虽然ⓒ轴墙体的整体性系数为 7.5，但是每个墙肢底部都存在中性轴，最大应变发生在门洞两边的型钢上，墙体的整体性非常弱。主要原因是连梁采用钢拉条作为水平受力筋，拉条仅靠自攻螺钉固定在 C 形钢上，外侧的混凝土保护层很薄，拉条与墙肢的连接非常弱，连梁不能有效的约束墙肢。因此模型的连梁构造方式有待于进一步改进。

（2）水平拉条应变

沿着受力方向一层墙体的水平拉条的应变变化规律如图 3.37 所示。拉条应变开始时都非常小，在峰值荷载时一层楼板标高处的拉条应变急剧增大超过屈服应变。楼层中间处的拉条应变远小于屈服应变。

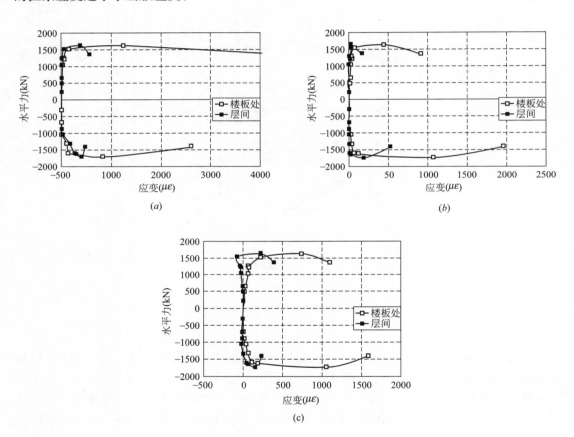

图 3.37　一层墙体水平拉条应变变化规律

(a)①轴墙体；(b)②轴墙体；(c)③轴墙体

3.3.5.5　层间相对变形

采用位移计测量了层间张开变形和错动变形。一、二层层间相对变形在峰值荷载前非常小，在峰值荷载时突然增大，如图 3.38 所示。

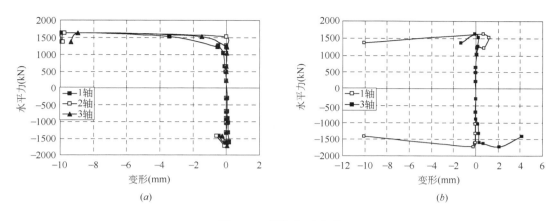

图 3.38　层间相对变形

（a）一层、二层层间张开变形；（b）一层、二层层间错动变形

3.3.6　破坏原因分析

在模型二层墙体根部水平裂缝突然增大之前，承载力持续上升；当水平荷载达到峰值时，二层墙体根部水平裂缝突然增大，竖向插筋锚固失效，接着一、二层墙体发生错动，模型承载力急剧降低。峰值荷载时一层墙体中 C 形钢的拉应变基本都小于屈服应变，墙体中部水平拉条应变也小于屈服应变，可见一层墙体没有达到极限受弯承载能力和受剪承载能力。模型破坏的原因是由于插筋锚固失效引起的，插筋锚固失效引起二层墙体根部裂缝宽度突然增大，混凝土接触面积和有效的剪力键数量减少，摩擦力和剪力键销拴力不足以抵抗水平力，层间错动随之突然增大，剪力键受到的水平力增大，与之相交的墙体水平拉条被拉断，混凝土被劈裂；从应变监控结果看一层楼板标高处的拉条在峰值荷载前应变小于屈服应变，在峰值荷载时急剧增大，有的增加 10 倍以上，超过了屈服应变。因此，模型的破坏是一、二层间连接构造引起的。

采用《高层建筑混凝土结构技术规程》（JGJ 3—2002）[95]中水平施工缝抗滑移承载力的验算公式

$$V \leqslant 0.6 f_y A_s + 0.8N \tag{3-10}$$

计算模型中一、二层层间抗滑移承载能力为 1046kN，小于模型峰值荷载 1622kN（推）和 1724kN（拉），说明按照式(3-10)计算层间抗滑移承载力具有较高的安全储备。由于层间连接破坏没有充分发挥结构构件的承载能力，改善层间连接构造可以提高结构的承载能力。

3.3.7　抗震能力分析

若此模型处于抗震设防烈度 8 度的地区，通过分析模型在各设防水准荷载代表值作用下结构的反应来评价模型的抗震能力。结构水平地震作用采用底部剪力法计算，模型的重力荷载代表值为 1903kN，则模型在 8 度多遇地震、设防地震和罕遇地震下底部剪力标准值分别是 282kN、794kN 和 1588kN，在各水准地震作用下，模型结构的变形和状况见图 3.33和表 3.11。

相应各水准地震作用基底剪力时模型结构的变形和状况   表 3.11

	底部剪力(kN)	顶点水平变形(mm)	最大层间位移角	模型基本状况
多遇-标准值	282	2.05(1.45)	1/4195 (1/5931)[1]	处于弹性阶段
设防-标准值	794	5.85(3.75)	1/1328 (1/1871)	一层、二层根部弯曲裂缝，一层墙体端部弯曲裂缝，最大宽度 0.1mm。墙体中部细微斜裂缝。水平荷载为 0 时，裂缝闭合
罕遇-标准值	1588	21.1(12.1)	1/909(1/1018)	一层墙体水平裂缝、斜裂缝开展充分，一、二层间的水平裂缝贯通，宽度达到 1.5mm，①轴墙体一、二层间水平错动 1.2mm

①分别是推向和拉向值。

可以看到，模型在 8 度小震和中震水平的荷载作用下未达到屈服，到达大震水平时正向屈服，反向刚达到屈服，没有达到最大承载力。模型在相当于 8 度设防的多遇地震作用时结构处于弹性阶段；在设防烈度地震作用时，结构开裂轻微，不需修理即能继续使用；在罕遇地震作用下结构仅一、二层间楼板部位有轻微破坏现象；在各级荷载作用下结构最大层间位移角很小。因此，在 8 度区钢网构架混凝土复合结构多层住宅满足"小震不坏、中震可修、大震不倒"的抗震设防目标。

3.4   足尺模型试验结论

通过三层钢网构架混凝土复合结构足尺模型的试验研究，得到以下结论。

(1) 该结构体系中冷弯薄壁型钢、拉条、钢模网的组合体构造比较合理，与混凝土结合较好，能够很好地共同工作。

(2) 模型的纵墙和横墙间的构造措施能够保证墙体间共同工作。

(3) 该结构体系的多层房屋结构性能可满足设防烈度 8 度的要求。

(4) 由于层间构造措施不合理，模型的最终破坏为层间滑移破坏，承载能力没有充分利用，在结构设计中应采取有效的措施，增加层间整体性。

3.5   钢网构架混凝土复合结构多层住宅设计建议

根据本章钢网构架混凝土复合结构多层住宅墙体和整体结构抗震性能的试验研究，提出以下设计建议。

3.5.1   基本规定

(1) 钢网构架混凝土复合结构多层住宅的设计应符合国家现行有关强制性标准的规定。

(2) 房屋在非抗震区及 6 度区不超过 8 层或 24m，7 度区不超过 7 层或 21m，8 度区不超过 6 层或 18m，9 度区不超过 4 层或 12m。

(3) 钢网构架混凝土复合结构墙体的厚度不小于 130mm。

（4）钢网构架混凝土复合结构墙体的竖向冷弯薄壁型钢间距一般取 300mm，水平拉条每层不少于 4 道，一般在楼层墙顶、墙底、窗顶及窗底各设一道。

（5）在钢网构架混凝土复合结构墙体端头、墙体交叉处设置加强暗柱，暗柱内可配置钢筋，纵筋不少于 $4\phi10$；在暗柱层间位置应设置插筋，截面积不少于暗柱型钢和暗柱内钢筋截面积之和。

（6）每片钢网构架混凝土复合结构墙体的一部分竖向冷弯薄壁型钢突出墙体深入上一层墙内，突出的型钢间距不大于 900mm；突出高度不少于 200mm。

3.5.2 地震作用分析与计算

（1）一般情况下，房屋可在建筑结构的两个主轴方向分别计算水平地震作用并进行抗震验算，各方向的水平地震作用应由该方向的钢网构架混凝土复合结构墙体承担。

（2）结构水平地震作用采用底部剪力法计算。

（3）水平地震作用在钢网构架混凝土复合结构墙体间按侧移刚度进行分配，将每片墙体视为独立墙肢：

$$V_{im}=\frac{K_m}{K}V_i \tag{3-11}$$

式中，V_{im} 为分配于第 i 层第 m 片钢网构架混凝土复合结构墙体的地震剪力；K_m 为第 m 片钢网构架混凝土复合结构墙体的侧移刚度；K 为该方向钢网构架混凝土复合结构墙体侧移刚度之和；V_i 为第 i 层的地震层剪力。

（4）第 m 片钢网构架混凝土复合结构墙体的侧移刚度 K_m 由下式计算

$$K_m=\frac{60}{11}\frac{EI_d}{H^3} \tag{3-12}$$

$$I_d=I_m/\left(1+\frac{3.64\mu EI_m}{H^2GA_m}\right) \tag{3-13}$$

式中，E 为混凝土弹性模量；H 为整体结构高度；为 I_m 为第 m 片墙体的惯性矩；μ 为剪应力不均匀系数，矩形截面取 1.2；G 为剪切模量；A_m 为第 m 片墙体的截面积。

（5）钢网构架混凝土复合结构墙体斜截面抗震承载力按下式计算

$$V\leqslant\frac{1}{\gamma_{RE}}\left[\frac{1}{\lambda-0.5}(0.4f_tA+0.1N)\right] \tag{3-14}$$

式中，V 为墙体剪力设计值；γ_{RE} 为承载力抗震调整系数，一般取 0.85；λ 为计算截面处的剪跨比，取值 1.5~2.2；A 为墙体水平截面面积；N 为墙体轴向压力值，当 $N>0.2f_cA$ 时取 $N=0.2f_cA$。

（6）钢网构架混凝土复合结构墙体正截面抗震承载力计算按照式(3-7)、式(3-8)计算，应在计算公式的右边除以相应的承载力抗震调整系数。

（7）钢网构架混凝土复合结构墙体水平施工缝处的抗滑移能力宜符合下列要求：

$$V\leqslant\frac{1}{\gamma_{RE}}(0.6f_yA_s+0.8N) \tag{3-15}$$

式中，V 为墙体剪力设计值；A_s 为水平施工缝处竖向型钢和插筋的总截面面积；f_y 为竖向冷弯薄壁型钢和插筋的抗拉强度设计值；N 为水平施工缝处考虑地震作用组合的不利轴向力设计值，拉力为负。

3.6　结论

本章通过钢网构架混凝土复合结构多层住宅墙体和整体结构的抗震性能试验研究，得到了以下主要结论：

（1）钢网构架混凝土复合结构中冷弯薄壁型钢、拉条、钢模网的组合体构造比较合理，与混凝土结合较好，能够很好地共同工作。

（2）钢网构架混凝土复合结构具有较好的结构性能，通过合理的设计能够满足多层住宅的受力要求。

在墙体和整体结构试验的基础上，提出了钢网构架混凝土复合结构多层住宅的设计建议。

第 4 章　不同构造措施的 CTSRC 剪力墙受剪性能试验研究

为了将 CTSRC 剪力墙应用于高层建筑,本章研究了适用于高层结构的 CTSRC 剪力墙的构造措施。第 3 章的试验研究表明,强弯弱剪的 CTSRC 剪力墙可形成分缝墙,既具有较高的刚度和承载力,又有较好的延性和变形能力,因此本章依照强弯弱剪设计了 6 个剪力墙试件进行拟静力试验,研究了边缘构件纵筋类型和数量、表面钢模网、冷弯薄壁型钢底部锚固等构造对 CTSRC 墙体的破坏过程、承载力、变形性能和耗能能力等的影响,并与钢筋混凝土剪力墙进行了对比,建议了适用于高层结构 CTSRC 剪力墙的构造方法。

4.1　试验设计

6 个试件截面尺寸均为 1500mm×170mm,加载点到基础梁顶面高度为 1500mm,剪跨比(高宽比)为 1.0,边缘构件长度 200mm;墙体顶部加载梁截面 300mm×300mm,底部基础梁截面 500mm×600mm,如图 4.1 所示。各试件配筋和冷弯薄壁型钢(以下简称"型钢")的配置如图 4.2 所示,具体参数见表 4.1。W0 为钢筋混凝土剪力墙对比试件,W1 为 CTSRC 剪力墙基准试件;与 W1 相比,W7-R 的边缘构件纵筋量减少 33%,W9-P1 的纵筋采用高强度钢绞线,W10-M 的表面配置钢模网,W11-A 的型钢锚固在基础内。各试件的试验轴压比均为 0.15。

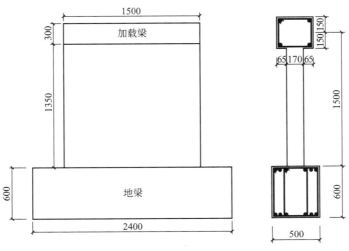

图 4.1　试件尺寸

为避免试件受弯破坏先于受剪破坏,边缘构件的竖向钢筋按照强弯弱剪设计,W7-R 边缘构件纵向钢筋为 4 ⏀ 25,W9-P1 采用 6 根直径 15.2 无粘结钢绞线,其余墙体均为

6Φ25，纵向钢筋包围在型钢形成的暗柱内。W0 边缘构件的箍筋为Φ8@100，体积配箍率
1.26%；CTSRC 墙试件边缘构件采用薄钢板箍（如图 4.3（a）所示），薄钢板箍宽度
100mm，厚度 2mm，间距为 100mm，体积配箍率为 5.02%，用自攻螺丝固定在型钢上。
W0 的竖向分布筋为双层Φ8@220，配筋率为 0.269%，稍高于我国《建筑抗震设计规范》
规定的不小于 0.25% 的要求[95]。CTSRC 剪力墙的型钢配置如图 4.3 所示，在实际工程中
型钢的间距一般 300mm 左右，因此试件中部的型钢间距为 275mm，最外侧的型钢间距为
190mm。试件的水平钢筋都采用双层Φ8@200，配筋率为 0.3%。水平分布钢筋端部伸入
边缘构件 120mm 锚固[96]。两层分布钢筋间设置Φ8 拉筋，梅花形布置，间距 400mm。

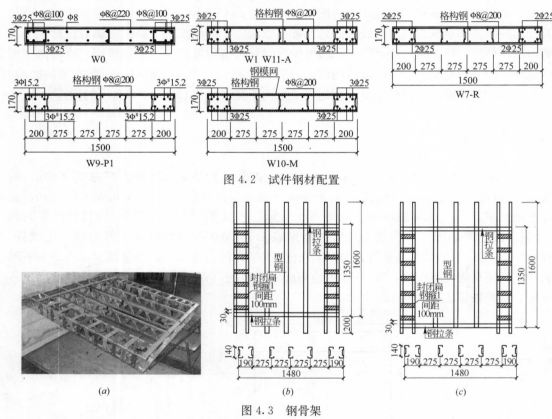

图 4.2 试件钢材配置

图 4.3 钢骨架
（a）钢骨架照片；（b）锚入基础的钢骨架；（c）未锚入基础的钢骨架

试件参数   表 4.1

| 序号 | 试件编号 | 截面尺寸 (mm) | 边缘构件 | | 墙体 | | 钢模网 | 型钢锚固情况 |
			纵筋	水平钢	纵向钢	水平钢		
1	W0	170×1500	6Φ25	Φ8@100	Φ8@225	Φ8@200	无	
2	W1	170×1500	6Φ25	−2×100@100	型钢	Φ8@200	无	否
3	W7-R	170×1500	4Φ25	−2×100@100	型钢	Φ8@200	无	否
4	W9-P1	170×1500	6Φs15.2	−2×100@100	型钢	Φ8@200	无	否
5	W10-M	170×1500	6Φ25	−2×100@100	型钢	Φ8@200	有	否
6	W11-A	170×1500	6Φ25	−2×100@100	型钢	Φ8@200	无	是

CTSRC 剪力墙的型钢间距小，壁厚较薄，通过焊接等方法来实现层间连续不经济，故通过设置层间插筋来传递荷载。插筋布置在相邻两个型钢中间以方便施工。在试验中除 W11-A 外，各试件的型钢均在基础梁上表面截断，在相邻型钢中间布置 Φ12 倒 U 形插筋来实现墙体与基础的连接，插筋伸入墙体 200mm，布置如图 4.4 所示。型钢厚度 1.1mm，最小净截面积 112mm²，质量为 1.38kg/m；腹板开有三角形孔，开孔率 46.2%，如图 4.5 所示。W10-M 采用的钢模网与第 3 章相同。

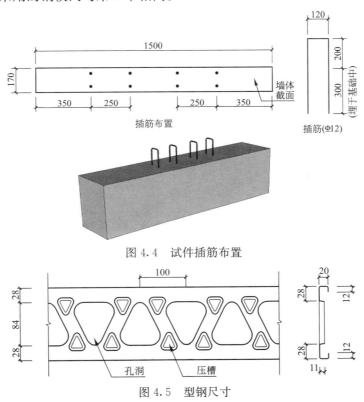

图 4.4 试件插筋布置

图 4.5 型钢尺寸

试件混凝土设计强度为 C30，试验当天混凝土实测抗压强度见表 4.2。钢筋、型钢以及钢板箍的强度实测值见表 4.3。

混凝土实测强度		表 4.2
试件编号	龄期(d)	$f_{cu,m}$(MPa)
W0	55	37.3
W1	149	38.8
W7-R	57	35.5
W9-P1	177	38.7
W10-M	159	39.7
W11-A	149	43.6

注：$f_{cu,m}$为立方体抗压强度平均值。

钢筋和钢材强度实测值		表 4.3
钢材	f_y(MPa)	f_u(MPa)
Φ25	475	671
Φ8	309	443
型钢	334	408
钢板箍	254	353

注：f_y为钢筋或钢材抗拉屈服强度实测值；
f_u为钢筋或钢材抗拉极限强度实测值。

试件的混凝土分两次浇筑，先浇筑基础梁，然后浇筑墙体和加载梁。以 W10-M 为例，其制作过程如图 4.6 所示。

图 4.6   制作过程

(a)绑扎基础梁钢筋和边缘纵筋、浇筑混凝土;(b)制作钢骨架;(c)安装钢骨架、水平分
布筋;(d)固定钢模网;(e)支模板;(f)浇筑混凝土;(g)制作完成

4.2 试验方法

4.2.1 加载方法和加载制度

试验加载装置见图 3.4。试验轴压比为 0.15，相当于设计轴压比 0.27。竖向荷载在试验过程中保持恒定。

试件水平荷载采用荷载-位移混合控制，如图 4.7 所示。在弹性阶段，水平荷载加载级差为 200kN，当试件出现斜裂缝后，改用位移控制，以该级荷载对应的位移为控制位移，以控制位移值的倍数为级差进行加载，每级反复加载 2 次[89]，直至试件顶点的位移角（即试件加载点水平位移与墙体高度的比值）达到 1/40～1/50 时，结束试验。

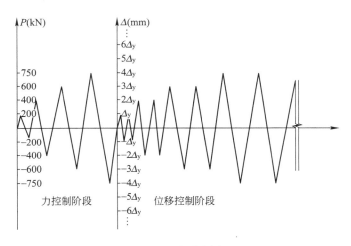

图 4.7 加载制度

4.2.2 测点布置

CTSRC 剪力墙的测点布置如图 4.8 所示。试验中量测了试件的荷载、位移、应变等。水平荷载和竖向荷载用力传感器量测。试件布置了 31 个位移传感器，如图 4.8(a) 所示；加载梁中心的位移传感器 MH1；在墙体两侧不同高度处设置了位移计测量水平位移，编号分别是 NH1～NH4、SH1～SH4，同时设置了两列导杆引伸仪测量竖向相对位移，编号为 NV1～NV4、SV1～SV4；在基础梁上布置了 3 个位移传感器测量平动和转动变形。试件中还布置了 32 个应变片，测量边缘构件纵筋应变(VR1-VR6)、钢板箍水平应变(HS1～HS4)、水平分布筋应变(HR1～HR12)、型钢应变(VS1～VS3)以及插筋的应变(VR7-VR10)，如图 4.8(b)，(c)所示。

CTSRC 剪力墙沿型钢会出现竖向裂缝，为此布置了 8 个导杆引伸仪测量竖向裂缝两侧的错动变形(MV4～MV10)和张开变形(MH2)。图 4.9 为测量错动变形的装置。

上述试验数据由 IMP 数据采集系统通过计算机实时监控并采集。

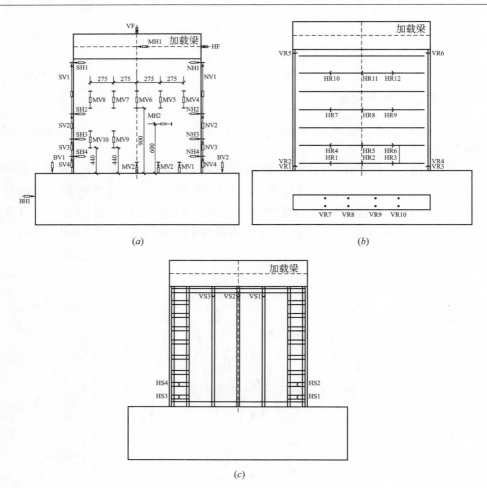

图 4.8　试件测点布置图

(a)位移传感器布置图；(b)钢筋应变片布置图；(c)钢骨架应变片布置图

图 4.9　竖向裂缝错动变形测量装置

4.3　试验现象

6 个试件在极限承载力时墙体最外侧纵筋均未屈服，破坏时除 W9-P1 以外，各试件底部的水平裂缝宽度很小。

4.3.1　试件 W0

　　W0 为钢筋混凝土剪力墙试件。施加水平荷载达到 +280kN 和 -310kN 时，墙体根部出现水平裂缝，宽度小于 0.05mm。水平荷载到 +672kN 和 -650kN 时，墙体出现两条对称分布的斜裂缝 1，相交于墙底中心处的 A 点，如图 4.10(a) 所示。随着荷载增大，墙体两边相对出现斜裂缝，从墙板边缘斜向下延伸，基本指向 A 点。达到 +1100kN 时，出现沿墙体对角线的斜裂缝，如图 4.10(b) 所示，此后裂缝开展主要集中在对角斜裂缝上。峰值荷载分别为 +1217kN 和 -1143kN，在负向峰值时对角斜裂缝两端的混凝土压溃，裂缝宽度急剧增大，水平承载力和竖向承载力迅速降低，墙体突然破坏，如图 4.10(b)，(c) 所示。W0 的破坏模式为斜压破坏，破坏时除对角斜裂缝外，根部水平裂缝宽度很小。W0 的峰值荷载平均值达到 $0.174 f_c bh_0$，接近我国《建筑抗震设计规范》规定的剪跨比不大于 2 的剪力墙的剪力设计值不大于 $0.176 f_c bh_0$ 的要求[71]。

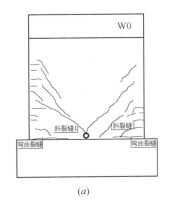 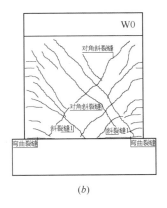 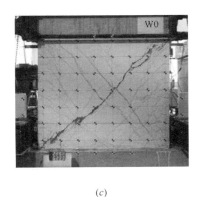

(a)　　　　　　　　　　　　　　(b)　　　　　　　　　　　　　　(c)

图 4.10　W0 墙的破坏过程和破坏形态
(a) 出现斜裂缝时的裂缝状况；(b) 正向峰值荷载的裂缝状况；(c) 破坏

4.3.2　试件 W1

　　W1 为 CTSRC 墙基准构件，破坏过程如下：

　　(1) 出现水平裂缝：水平荷载在 +300kN 和 -275kN 时，墙体根部出现微细水平裂缝。

　　(2) 出现竖向裂缝：达到 +450kN 时，墙中部沿冷弯薄壁型钢位置出现众多短细斜裂缝，与反向加载时出现的短细斜裂缝交叉，形成宏观竖向裂缝（以下简称竖向裂缝）1，如图 4.11(a) 所示。荷载增加到 +500kN 时，沿两侧冷弯薄壁型钢分别出现竖向裂缝 2。

　　(3) 出现斜裂缝：达到 +575 和 -540kN 时，出现斜裂缝 1，这时边缘构件上已出现较多的水平裂缝，沿所有型钢均出现竖向裂缝，如图 4.11(a) 所示。随着荷载继续增大，组成竖向裂缝的短细斜裂缝不断发展，将墙板分割成一系列墙柱。接近峰值荷载时，墙柱的上下端出现局部斜裂缝，如图 4.11(b) 所示。

　　(4) 达到峰值荷载：试件达到极限承载力时，中间竖向裂缝处混凝土表面突起、掉渣，裂缝两侧墙柱相对变形突然增大，对应荷载为 +1052kN，-999kN。此时边缘构件纵筋还未屈服，墙趾混凝土完好，水平分布钢筋屈服，如图 4.11(b)，(c)所示。

（5）演变为分缝墙：峰值荷载后，随着变形增加，其他竖向裂缝处混凝土逐渐破坏；竖向裂缝两侧错动增大，墙体演变为分缝剪力墙。随着水平位移的增大，局部斜裂缝与竖向裂缝连续在一起，形成一条沿对角线方向的折线状斜裂缝，如图 4.11(d)所示。此后，中间 3 条竖向裂缝处的混凝土剥落严重，斜裂缝宽度越来越大，但水平荷载下降缓慢。

（6）墙体破坏：当荷载下降到极限承载力的 85% 时，墙体的位移角超过 1/60，竖向裂缝处露出型钢，墙底部的混凝土没有压碎，如图 4.11(e)所示。

W1 的破坏过程经历了两个阶段，即整截面墙阶段和分缝墙阶段，最终破坏模式是分缝墙中一系列墙柱的弯剪破坏。W1 的破坏集中于竖向裂缝处，墙柱和边缘构件混凝土保持完整，因此在极限状态下仍具有较高的竖向承载力。

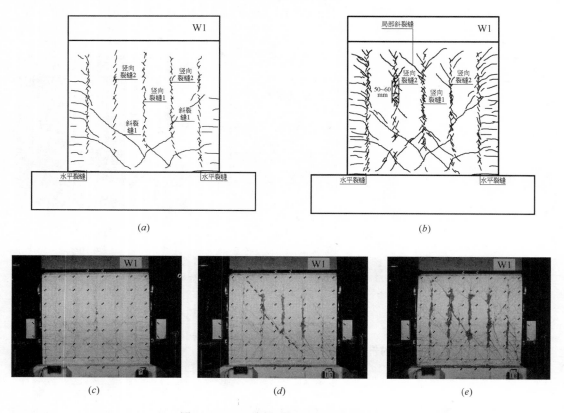

图 4.11　W1 墙的破坏过程和破坏形态

(a)出现斜裂缝时的裂缝状况；(b)峰值荷载时的裂缝状况；(c)峰值荷载；(d)出现整体斜裂缝；(e)破坏

4.3.3　试件 W7-R 与 W11-A

W7-R 墙边缘构件的纵筋量比 W1 减少 1/3，W11-A 墙的冷弯薄壁型钢锚入基础梁中。试验中，这两个墙的裂缝发展规律、破坏过程和破坏模式与 W1 基本相同。W11-A 在 +490kN 和 -400kN 才出现水平裂缝，说明型钢锚固可抑制水平裂缝的开展。W7-R 墙和

W11-A 墙在峰值荷载和破坏情况分别如图 4.12 和图 4.13 所示。

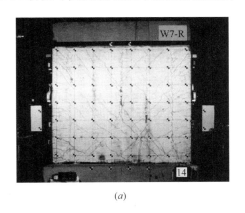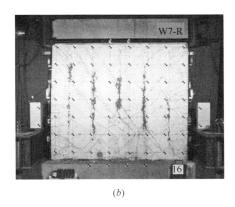

(a)　　　　　　　　　　　　　　(b)

图 4.12　W7-R 墙的破坏过程和破坏形态

(a)峰值荷载；(b)破坏

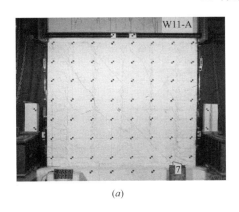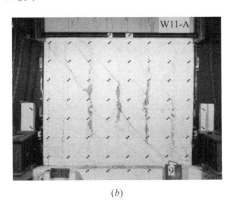

(a)　　　　　　　　　　　　　　(b)

图 4.13　W11-A 墙的破坏过程和破坏形态

(a)峰值荷载；(b)破坏

4.3.4　试件 W9-P1

W9-P1 在边缘构件中采用无粘结钢绞线做纵筋(按 W1 的纵筋量近似等强替代)，预应力水平为 $0.13f_{pyk}$(243MPa)。在 CTSRC 剪力墙结构中，采用高强度钢绞线沿高度通长布置，可解决边缘构件纵筋的连接问题。试验中，W9-P1 在+290kN、−320kN 时墙根水平开裂，裂缝一出现宽度即达到 0.6mm，而其他墙体初始水平裂缝均小于 0.05mm。荷载达到+560kN 时，沿墙中部型钢出现细微斜裂缝。荷载增加到+676kN、−727kN 时，墙根部水平裂缝超过 2.0mm，墙体下部以中线为轴对称出现两个弧状裂缝，每个弧线的端点分别在基础梁上缘墙中线和边缘构件内边，弦高约 200mm，如图 4.14(a)所示。由于型钢没有锚入基础梁中，而且插筋布置在相邻型钢中间，当墙根部水平裂缝较宽时，插筋将周围的混凝土拉裂，形成弧状裂缝。其他 CTSRC 试件的边缘纵筋在峰值荷载仍保持弹性，墙底部水平裂缝细微，避免了插筋锚固失效。因此，当边缘构件中纵筋配筋量较少不能有效限制墙体根部水平裂缝时，采用这种插筋方式是不合适的。继续加载到+750kN 时，出现对角斜裂缝，连接边缘构件内侧；此时弧状裂缝和墙根水平裂缝较宽，边缘构件仅根部水平开裂。荷载增大到＋935kN，－879kN 时达到峰值承载力，这时竖向裂缝的错动突然增大。此后，对角斜裂缝不断开展，墙趾混凝土出现压溃现象，承载力降低，直至破坏。可以看出，W9-P1 的破坏过程和破坏机理与其余 CTSRC 墙有一定的差别，最大承载力比W1 低约 11％，W9-P1 的破坏过程和破坏形态如图 4.14 所示。

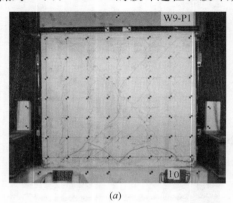 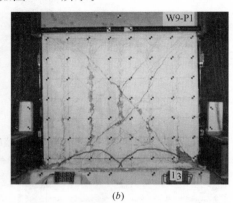

(a)　　　　　　　　　　　　　　　　　(b)

图 4.14　W9-P1 墙的破坏过程和破坏形态
(a)峰值荷载；(b)破坏

4.3.5　试件 W10-M

W10-M 墙表面配置了钢模网。钢模网可减小裂缝宽度，W10-M 的斜裂缝初始宽度为0.15mm，而 W1 为 0.25mm。W10-M 中竖向裂缝处的短细裂缝的宽度较小，混凝土破坏推迟，提高了墙体的极限承载力，峰值承载力达到 1256kN，比 W1 提高了 15％。W10-M在峰值荷载和破坏时的情况如图 4.15 所示。

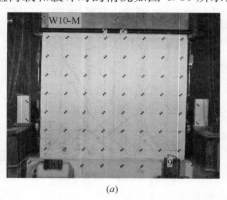 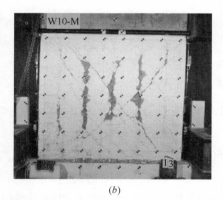

(a)　　　　　　　　　　　　　　　　　(b)

图 4.15　W10-M 墙的破坏过程和破坏形态
(a)峰值荷载；(b)破坏

4.3.6　CTSRC 剪力墙的破坏过程

CTSRC 墙的破坏过程和破坏特征不同于钢筋混凝土剪力墙，W1、W7-R、W10-M 和W11-A 沿冷弯薄壁型钢出现了由短细斜裂缝组成的竖向裂缝，竖向裂缝的分布宽度约为

50～60mm，将整个墙体分割成若干墙柱，剪力墙由整片小高宽比墙体转变为由多个大高宽比墙柱组成的分缝剪力墙，变形能力得到很大提高，承载力略有降低。

竖向裂缝处的短细斜裂缝把混凝土分割成许多小的斜向短柱，短柱在斜向压力作用下发生破坏。墙中部竖向裂缝处的混凝土保护层突起、剥落时墙体达到极限承载力。

在峰值荷载前，竖向裂缝两侧墙柱的相对变形很小，CTSRC墙受力性能与整体墙相似；达到极限承载力时，竖向裂缝两侧相对变形增大，缝中的混凝土破坏，墙体演变成分缝剪力墙。随着竖向裂缝处混凝土逐渐破坏，墙体的破坏过程从墙中部依次向外侧发展的，承载力下降缓慢。竖向裂缝处混凝土破坏后，贯穿竖缝的水平钢筋和缝两侧混凝土提供了抗剪能力。试验发现，竖向裂缝两侧的混凝土在反复荷载作用下摩擦成粉末状，如图4.16所示。

图 4.16　竖向裂缝接触面

4.4　试验结果

4.4.1　水平力-位移滞回曲线

图 4.17 为试件的顶点水平力-位移滞回曲线。可以看到，在试件开裂前，水平力-位移曲线基本为一条直线，滞回环面积基本为零，试件处于弹性工作状态。随着荷载增大，加载时滞回曲线斜率逐渐减小，滞回环包围的面积逐渐增大，水平荷载为 0 时，试件残余变形逐渐增大。在峰值荷载前，滞回曲线的卸载段基本为直线，残余变形较小，主要由于边缘纵筋处于弹性，弯曲变形可恢复，同时裂缝宽度较小，卸载时基本能够闭合，而且竖向裂缝两侧的混凝土相对变形非常小。峰值荷载后，竖向裂缝两侧混凝土发生滑移，斜裂缝开展充分，剪切变形占的比例增大，滞回曲线捏拢现象越来越明显，残余变形逐渐增大。W9-P1 的滞回曲线捏拢较小，滞回环形状为梭形，主要原因是墙体根部水平裂缝开展迅速，总变形中弯曲变形所占比例较大。

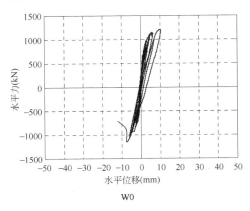

W0

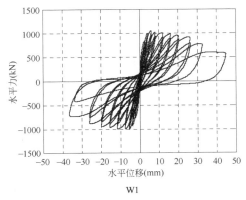

W1

图 4.17　顶点水平力-位移滞回曲线（一）

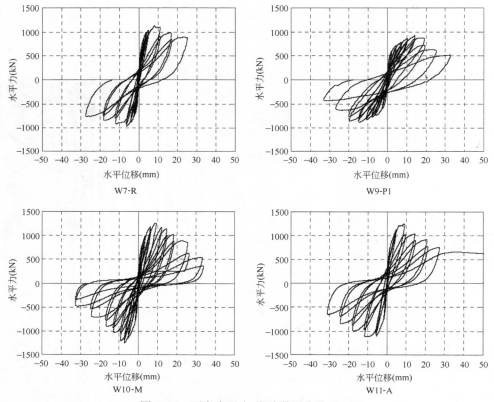

图 4.17 顶点水平力-位移滞回曲线（二）

4.4.2 水平力-位移骨架曲线

各试件的骨架曲线如图 4.18 所示，表 4.4 是峰值点和极限点（水平荷载降低到峰值荷载 85% 的特征点）的荷载和相应的位移。

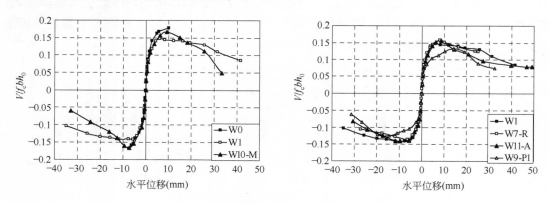

图 4.18 顶点水平力-位移骨架曲线

由图 4.18 可知，在开始加载时，试件的骨架曲线基本重合，CTSRC 剪力墙的初始刚度与钢筋混凝土剪力墙基本相同。W0 的极限承载力最高，W1，W7-R 和 W11-A 的承载力降低约 15% 左右，这表明竖向裂缝的开展降低了 CTSRC 剪力墙的承载力；钢筋混凝土剪力墙在极限荷载时突然破坏，延性很小，而 CTSRC 剪力墙的延性和变形能力非常好。

峰值点和极限点特征　　　　　　　　　　　　　　　表 4.4

试件编号		峰值点					极限点	H/Δ_m	H/Δ_u	Δ_u/Δ_m
		V_m(kN)	剪压比 V_m/f_cbh_0		Δ_m(mm)	Δ_u(mm)				
			均值	相对值注						
W0	推	1217	0.174	1.197	9.85	9.85		179	179	1
	拉	1143			7.32	7.32				
W1	推	1052	0.145	1	7.14	27.20		211	55	3.86
	拉	999			7.07	27.63				
W7-R	推	1131	0.147	1.012	8.06	18.67		210	79	2.68
	拉	968			6.39	19.50				
W9-P1	推	935	0.129	0.887	14.22	21.03		104	68	1.55
	拉	879			14.54	23.60				
W10-M	推	1256	0.167	1.151	9.20	16.70		181	108	1.75
	拉	1253			7.11	11.93				
W11-A	推	1252	0.149	1.029	8.64	13.80		65	94	1.80
	拉	1119			5.59	19.13				

注：剪压比相对值以 W1 为基准。

W7-R 和 W1 的边缘纵筋数量不同，峰值荷载基本相同，说明边缘纵筋数量对墙体承载力影响不明显。

与 W1 相比，W9-P1 的极限承载力降低了约 11%，主要原因是 W9-P1 的钢绞线数量较少，预应力度不高，墙底部水平裂缝开展较大，墙趾混凝土压溃破坏。

W10-M 的承载力比 W1 提高 15%，表面钢模网可以提高承载力。

峰值荷载时 CTSRC 剪力墙的位移角约 1/200，除 W10-M 外极限位移角大于 1/100，满足《高层建筑混凝土结构技术规程》[95]规定的剪力墙弹塑性层间位移角限值。特别是 W1，极限位移角为 1/55，极限位移与峰值位移之比为 3.86，延性和变形能力非常好。

4.4.3　开裂点荷载和位移

CTSRC 剪力墙在荷载作用下，会出现弯曲裂缝、竖向裂缝和斜裂缝，墙体开裂点荷载和位移见表 4.5。

开裂点荷载和位移　　　　　　　　　　　　　　　表 4.5

试件编号		水平开裂			竖向开裂			斜向开裂		
		荷载(kN)	H/Δ	刚度特征值	荷载(kN)	H/Δ	刚度特征值①	荷载(kN)	H/Δ	刚度特征值
W0	推	310	5068	0.919	—	—	—	672	1559	0.665
	拉	280	3106		—	—		650	1033	

续表

试件编号		水平开裂			竖向开裂			斜向开裂		
		荷载(kN)	H/Δ	刚度特征值	荷载(kN)	H/Δ	刚度特征值[注]	荷载(kN)	H/Δ	刚度特征值
W1	推	300	4702	0.959	500	2101	0.780	575	1553	0.683
	拉	275	3695		450	1979		540	1490	
W7-R	推	300	4983	0.904	500	2439	0.754	731	1053	0.486
	拉	295	3659		480	1899		680	876	
W9-P1	推	290	4777	0.835	560	960	0.394	—	—	—
	拉	320	2496		560	752				
W10-M	推	370	4087	0.981	550	2203	0.878	675	1307	0.613
	拉	400	3497		470	2874		720	1244	
W11-A	推	490	2504	0.896	550	2060	0.846	750	962	0.567
	拉	400	2595		490	2110		725	1009	

注：H/Δ 是墙体高度与位移之比。刚度特征值表示构件的割线刚度与试验中第一级荷载（水平荷载 200kN）的割线刚度的比值。

　　试件 W11-A 初始水平裂缝出现荷载较大，其他墙体水平开裂荷载基本相同，表明冷弯薄壁型钢锚入基础可提高墙底水平开裂荷载；水平开裂时 W9-P1 之外的墙体刚度降低约为 5%~10%，W9-P1 根部水平裂缝一出现即达到 0.6mm，因此刚度变化较大。各试件竖向裂缝出现荷载相差不大，W9-P1 之外的墙体竖向裂缝出现时刚度降低 25% 左右。W7-R 斜向开裂时刚度降低了 50%，W9-P1 之外的其他墙体降低 30%~40%，说明边缘纵筋较少时，水平裂缝和斜裂缝开展较为迅速，刚度退化较快。

4.4.4　竖向裂缝两侧相对变形

　　竖向裂缝的出现和开展使 CTSRC 剪力墙具有优良的受力特性。W11-A 竖向裂缝两侧墙柱的竖向相对变形和水平相对变形的如图 4.19 所示，可见峰值荷载前相对变形很小，峰值荷载时突然增大，峰值荷载后急剧增大，反映了 CTSRC 剪力墙从整体墙演变为分缝剪力墙的受力特征。

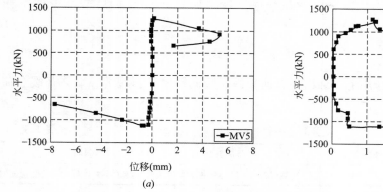
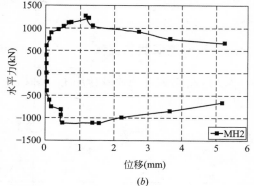

(a)　　　　　　　　　　　　　　(b)

图 4.19　W11-A 竖向裂缝两侧墙柱相对变形骨架线

(a)竖向相对变形；(b)水平相对变形

4.4.5　水平变形的组成分析

　　试验中基础梁的平动、转动和开裂会影响位移测量结果。W1 在峰值荷载时基础梁平动变形 0.96mm，转动引起加载点水平变形为 1.16mm，分别占加载点位移测量值的 12% 和 14.5%，因此应考虑基础梁变形对位移测量结果的影响。

　　剪力墙的水平变形 Δ 包括三部分：墙底滑移变形 Δ_{sl}、弯曲变形 Δ_f、剪切变形 Δ_s，如图 4.20 所示。按照强弯弱剪设计的 CTSRC 剪力墙底部弯曲裂缝较小，受压区面积较大，峰值时纵筋保持弹性，因此可以忽略滑移变形 Δ_{sl} 的影响，试验验证见第 5 章。

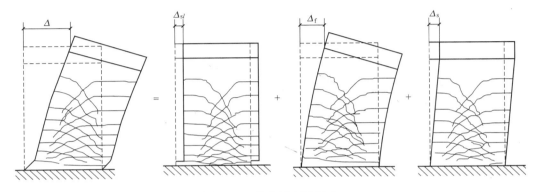

图 4.20　剪力墙变形组成

　　剪切位移 Δ_s 可以通过设置交叉位移计来测量，如图 4.21 所示，由于弯曲变形的影响，这种方法会高估剪切变形[97][98]。比较合理的方法是在墙体两侧设置位移计测量竖向变形，确定截面转角，进而确定弯曲变形（如图 4.22 所示）；研究表明墙体每边设置 4~6 个位移计可以较准确的确定弯曲变形[97]。

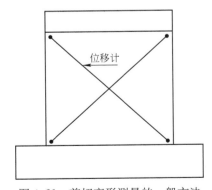

图 4.21　剪切变形测量的一般方法

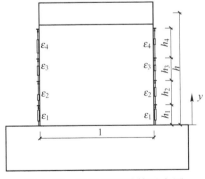

图 4.22　弯曲变形计算示意图

　　弯曲变形 Δ_f 计算如下（如图 4.22 所示）：

$$\Delta_f = \int_0^h (h-y)\varphi(y)\mathrm{d}y = \sum_{i=1}^4 \left(\frac{1}{2}\varphi_i h_i^2 + (h-y_i)\varphi_i h_i \right) \tag{4-1}$$

　　式中 $y_i = \sum\limits_{j=1}^i h_j$；$\varphi_i$ 为截面的曲率，根据墙体两个边缘竖向导杆引伸仪实测的应变按下式确定，

$$\varphi_i = \frac{1}{l}(\varepsilon_i + \varepsilon_i')\qquad\qquad(4\text{-}2)$$

确定了弯曲变形后，剪切变形为

$$\Delta_s = \Delta - \Delta_f\qquad\qquad(4\text{-}3)$$

W1 和 W7-R 加载点的 Δ_f 和 Δ_s 的滞回曲线如图 4.23 和图 4.24 所示，骨架曲线如图 4.25 所示。

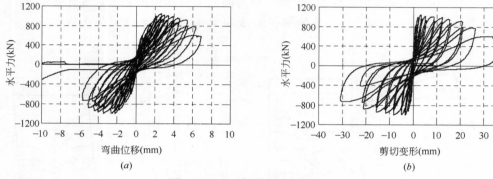

图 4.23　W1 各变形分量滞回曲线
(*a*) 顶点水平力-弯曲变形；(*b*) 顶点水平力-剪切变形

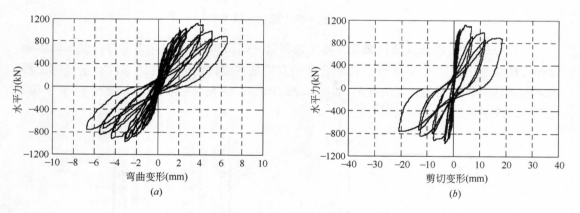

图 4.24　W7-R 各变形分量滞回曲线
(*a*) 顶点水平力-弯曲变形；(*b*) 顶点水平力-剪切变形

图 4.26 是 CTSRC 剪力墙加载点位置 Δ_f 和 Δ_s 在总变形中所占比例，纵轴为变形分量与总变形的比值，横轴为顶点水平变形。分析图 4.25、图 4.26 可以发现：

(1) 随着变形的增大，剪切变形在总变形中逐渐占主要成分，所占比例从开始的 40%～50% 增长到 80%。主要原因是荷载较小时，墙体斜裂缝开展不明显，剪切变形较小；随着荷载增大，斜裂缝的发展使剪切变形逐渐增大；峰值荷载时墙体纵筋没有屈服，弯曲变形所占比例较小；峰值荷载后，墙体演变为由多个墙柱组成的分缝剪力墙，整体变形模式表现为剪切型。

(2) 相同水平位移下，W7-R 的 Δ_f/Δ 大于 W1，主要是由于 W7-R 的端部纵向钢筋较小，弯曲裂缝和弯剪裂缝的开展比较大。

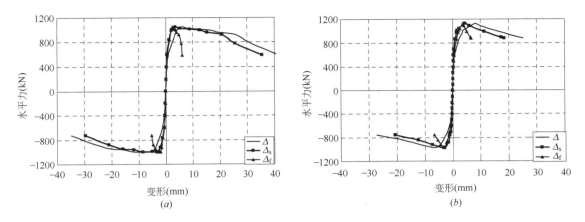

图 4.25 W1 和 W7-R 顶点水平力-变形分量骨架曲线
(a)W1；(b)W7-R

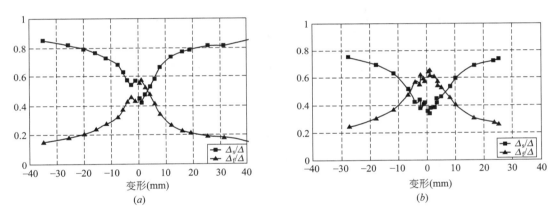

图 4.26 W1 和 W7-R 变形分量比例-顶点水平位移关系
(a)W1；(b)W7-R

4.4.6 竖向变形

反复加载下弯曲破坏的钢筋混凝土剪力墙会出现竖向伸长，伸长主要集中于塑性铰区域，源于纵筋塑性应变的累积。如果墙体发生剪切破坏，会出现竖向压缩变形，将竖向荷载转移到其他构件[99][100]。

CTSRC 剪力墙竖向变形分布规律与传统剪力墙不同。图 4.27、图 4.28 为 W1 轴线不同高度处竖向变形的变化规律（压缩变形为正）。在斜裂缝出现前，整个墙体都为压缩变形；斜裂缝出现后，底部 200mm 范围内仍为压缩变形，其余部分为拉伸变形，累积到墙体顶部为拉伸变形。随着顶点位移增大，竖向变形的增长速率越来越大。

W1 底部 200mm 范围内墙两边分别为拉伸和压缩变形，压缩变形较大，如图 4.29 所示。由于竖向裂缝和斜裂缝分布在中间区域，在峰值荷载时纵向钢筋没有屈服，因此墙体底部一定范围内为压缩变形。

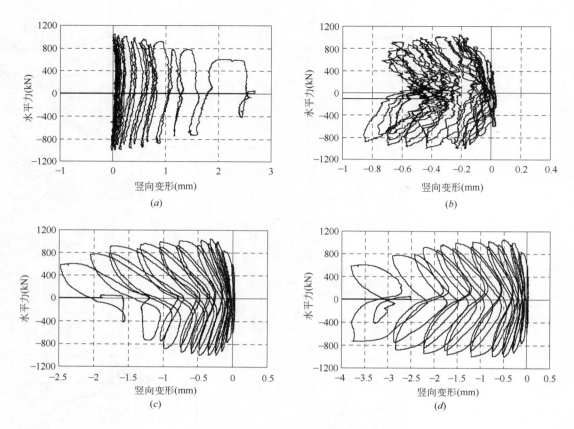

图 4.27 W1 竖向变形分布规律

(a)底部 200mm 范围内；(b)距底部 200～400mm 范围内；(c)距底部
400～700mm 范围内；(d)距底部 700～1300mm 范围内

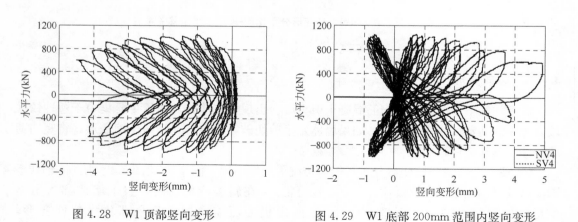

图 4.28 W1 顶部竖向变形   图 4.29 W1 底部 200mm 范围内竖向变形

4.4.7 横向变形

反复荷载下剪力墙会产生横向膨胀变形。CTSRC 剪力墙竖向裂缝的出现和发展，横向变形大于传统剪力墙。图 4.30 是 W1 横向变形的骨架曲线，分别为离墙底 200mm、

400mm、700mm 和 1300mm 处的测量结果。1300mm 处由于加载梁的约束，横向变形较小；200mm 处虽然受到基础梁的约束横向变形仍然比较大，在峰值荷载时为顶点水平位移的 15%，逐渐增大到 30%；中间两点的横向变形基本相等，峰值荷载时为顶点水平位移的 35%，破坏时增大到 75%。CTSRC 剪力墙的横向变形大于传统剪力墙，对周围构件的影响尚待进一步研究。

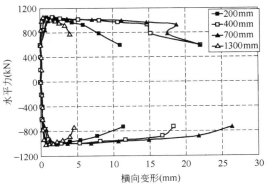

图 4.30　W1 横向变形分布

4.4.8　应变量测结果

4.4.8.1　插筋应变

图 4.31 是 W1、W7-R 和 W9-P1 的插筋应变，应变片位置如图 4.8 所示。可以看到，W1 和 W7-R 的插筋应变都小于屈服应变，W7-R 的插筋应变较大。W9-P1 底部弯曲裂缝比较宽，插筋将周围混凝土拉裂而失效，插筋应变也超过屈服应变。要防止布置在相邻型钢中间的倒 U 形插筋锚固失效，需要控制墙体底部弯曲裂缝。

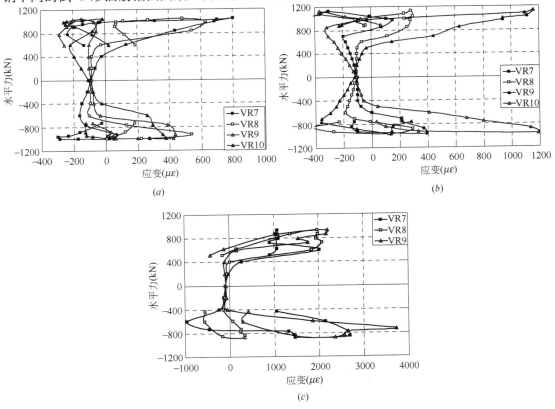

图 4.31　插筋应变量测结果
(a)W1；(b)W7-R；(c)W9-P1

4.4.8.2 纵筋、水平筋和型钢的应变

W1 的纵筋、水平筋和型钢应变变化如图 4.32 所示，应变片位置如图 4.8 所示。

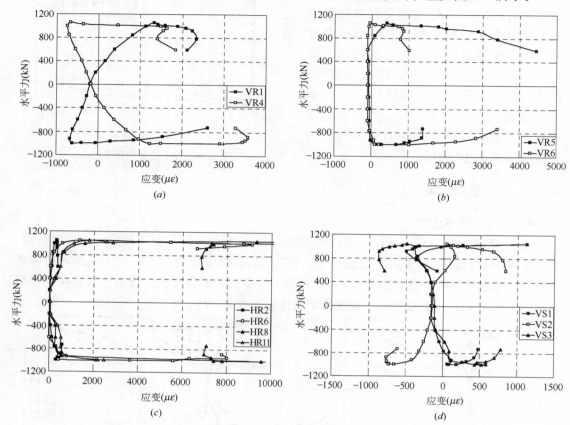

图 4.32 W1 应变量测结果

(a)边缘纵筋下部应变骨架曲线；(b)边缘纵筋上部应变骨架曲线；

(c)水平分布钢筋应变骨架曲线；(d)冷弯薄壁型钢上部应变骨架曲线

峰值荷载前边缘纵筋下部应变小于屈服应变，与水平荷载基本为线性关系。峰值荷载后，墙体两侧纵筋逐渐处于受拉状态，残余拉应变逐渐增大，最终都接近或达到受拉屈服应变（如图 4.32(a)所示）。墙体边缘纵筋上部应变在峰值荷载前基本不变，等于轴压力产生的应变；接近极限承载力时都开始受拉，逐渐增大到屈服应变（如图 4.32(b)所示），残余拉应变逐渐增大。主要原因是墙体纵向拉伸和横向膨胀变形持续增长，导致墙体外边缘伸长，卸载时残余变形不能恢复。

图 4.32(c)为不同高度处水平分布钢筋的应变量测结果。HR2 靠近基础梁，应变较小；其余钢筋在峰值荷载时屈服，随后应变急剧增长。CTSRC 剪力墙在延性剪力墙中第一次实现了水平钢筋充分发挥作用。

剪跨比小于 2 的钢筋混凝土剪力墙的纵向分布钢筋对提高墙体承载力具有积极作用[31]。W1 纵向型钢上部的应变量测结果如图 4.32(d)所示，在整个受力过程中应变都比较小，表明竖向型钢的受力作用不明显。但是试验中发现墙体中部型钢有拉断现象，与应变测量结果矛盾。原因是 CTSRC 剪力墙竖向裂缝两端出现了局部斜裂缝，墙柱绕着局部

斜裂缝交点转动，交点以外的墙体基本保持完好，因此型钢两端应力较小。

4.5 试验结果分析

4.5.1 延性分析

计算位移延性系数 μ_Δ 时，极限位移 Δ_u 和屈服位移 Δ_y 有多种确定方法。极限位移 Δ_u 确定方法有[87]：

(1) 混凝土的极限压应变为 $(3\sim4)\times10^{-3}$ 时对应的状态；

(2) 骨架曲线上荷载下降到极限荷载的 85% 所对应的变形。

本书采用第二种方法。

确定屈服位移 Δ_y 的方法有：

(1) 能量等值法[87]；

(2) 几何作图法[87]；

(3) 直接取钢筋屈服时对应的变形；

(4) 取 85% 的峰值荷载对应的变形等。

采用作图法确定的屈服点荷载、位移以及延性系数的结果如表 4.6 中方法 2。W9-P1 的破坏过程与其他试件都不同，采用作图法确定屈服位移。

在试验中发现，墙体出现斜裂缝时构件刚度变化比较大，因此将斜裂缝出现时定为屈服点，相应的屈服点荷载和位移及延性系数如表 4.6 中方法 1。

各试件的延性系数　　　　　　　　　　　　　表 4.6

试件编号		屈服点（方法 1）			屈服点（方法 2）			极限点		延性系数	
		荷载(kN)	Δ_y(mm)		荷载(kN)	Δ_y(mm)		Δ_u(mm)	平均(mm)	方法 1	方法 2
			位移(mm)	平均(mm)		位移(mm)	平均(mm)				
W0	推	672	0.96	1.21	869	2.00	2.52	9.85	8.59	—	—
	拉	650	1.45		832	3.03		7.32			
W1	推	575	0.97	0.99	731	1.90	2.15	27.20	27.42	27.69	12.9
	拉	540	1.01		758	2.40		27.63			
W7-R	推	731	1.42	1.57	811	1.90	2.04	18.67	19.09	12.19	9.4
	拉	680	1.71		719	2.17		19.50			
W9-P1	推	554	1.63	2.23	554	1.63	2.23	21.03	22.32	10.0	10.01
	拉	600	2.83		600	2.83		23.60			
W10-M	推	675	1.15	1.18	832	2.10	2.22	16.70	14.32	12.13	6.6
	拉	720	1.21		893	2.33		11.93			
W11-A	推	750	1.559	1.52	834	2.13	2.28	13.80	16.47	10.81	7.2
	拉	725	1.486		834	2.43		19.13			

由表 4.6 可知，两种方法得到的延性系数的变化规律一致。鉴于方法 1 具有较为明确

的物理意义，应用比较方便，因此采用方法 1 来确定延性系数。

CTSRC 剪力墙的延性系数都大于 10，具有优良的变形性能。

4.5.2 刚度分析

图 4.33 为构件的割线刚度与初始刚度之比随位移变化的规律，初始刚度为试验中第一级荷载（200kN）的割线刚度。由图 4.33 可知，屈服时墙体侧移刚度下降到初始刚度的 60% 左右，峰值荷载时下降到 20% 左右。各试件刚度从大到小依次为 W0、W11-A、W10-M 和 W1、W7-R、W9-P1，CTSRC 剪力墙的刚度略低于钢筋混凝土剪力墙，冷弯薄壁型钢锚固于基础、增加边缘纵筋量可提高墙体的刚度，但增幅很小，可以认为在强弯弱剪下各墙体的刚度基本相同。

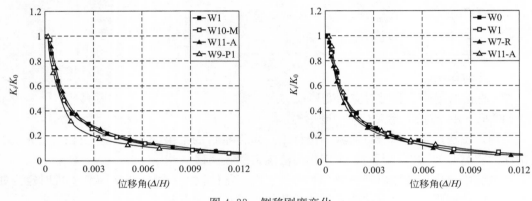

图 4.33 侧移刚度变化

4.5.3 耗能性能

图 4.34 给出了试件的等效黏滞阻尼系数 β，可见 CTSRC 剪力墙的耗能能力大于钢筋混凝土剪力墙；端部纵筋较少的墙体（W7-R）耗能性能较好，表明减少纵筋可提高墙体弯曲变形的比例，从而耗散更多的能量。W11-A 的 β 值大于 W1，表明型钢锚入基础梁后，能更有效地减少墙底滑移变形，提高耗能性能；表面配置钢模网可以提高耗能能力。

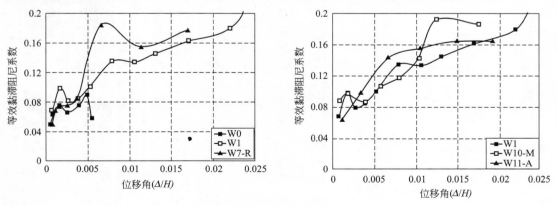

图 4.34 等效黏滞阻尼系数

4.6　本章小结

　　按照强弯弱剪设计了 6 片剪力墙进行拟静力试验，研究了边缘构件纵筋类型和数量、表面钢模网、冷弯薄壁型钢底部锚固等构造对 CTSRC 剪力墙受力性能的影响，对试件的破坏形态、滞回曲线、骨架曲线、位移延性、耗能性能和刚度退化等进行了深入研究，得到以下结论：

　　（1）表面钢模网能够提高墙体的刚度和承载力，但是延性和变形能力降低。

　　（2）倒 U 形插筋能够保证 CTSRC 剪力墙的连续性。

　　（3）增加端部纵筋量和将冷弯薄壁型钢锚固在基础里可提高墙体的刚度。

　　（4）W1 具有较高的承载力和良好的延性，可参照 W1 的构造进行高层结构墙体设计。

　　通过试验发现 CTSRC 墙体的破坏特征与钢筋混凝土剪力墙不同，主要如下：

　　（1）在水平荷载作用下，CTSRC 剪力墙沿冷弯薄壁型钢出现竖向裂缝，破坏过程经历了整截面墙到分缝墙的演变过程。墙体损伤主要分布于竖向型钢处，破坏模式是竖向裂缝分割的一系列墙柱的弯剪破坏；竖向裂缝的出现避免了脆性剪切破坏，显著提高了墙体延性和变形能力。

　　（2）水平裂缝和竖向裂缝出现时对 CTSRC 剪力墙刚度影响不大，斜裂缝出现时刚度降低较多，可将斜裂缝出现点定义为屈服点。

　　（3）CTSRC 剪力墙竖向裂缝两侧墙柱的相对变形在峰值荷载前非常小，墙体性能与整截面墙相似；峰值荷载时相对变形突然增大，反映了墙体演变为分缝剪力墙的受力特征。

　　（4）CTSRC 剪力墙的顶点水平变形由弯曲变形和剪切变形组成，剪切变形在总变形中占主要部分。

　　（5）CTSRC 剪力墙水平分布钢筋在峰值荷载时屈服；边缘纵筋在峰值荷载时保持弹性，随后逐渐受拉屈服。

第 5 章 CTSRC 剪力墙受剪性能试验研究

CTSRC 剪力墙的受力性能与钢筋混凝土剪力墙和钢骨混凝土剪力墙有较大差别。本章通过 6 个强弯弱剪 CTSRC 剪力墙的拟静力试验，研究了剪跨比、轴压比、混凝土强度、水平分布筋和冷弯薄壁型钢的含钢量等参数对 CTSRC 剪力墙的承载力、变形、破坏形态等受力性能的影响，为 CTSRC 剪力墙的设计计算提供基础。

5.1 试验设计

试件尺寸见图 5.1，均为矩形截面，截面尺寸为 1500mm×170mm，边缘构件长度 200mm；试件剪跨比（高宽比）有 1.0、1.5 和 2.0 三种。各试件截面配筋和冷弯薄壁型钢（以下简称"型钢"）配置如图 5.2 所示，具体参数见表 5.1。W2-C 为基准试件（剪跨比 1.0，试验轴压比 0.15，水平分布筋 $\phi 8@200$，型钢壁厚为 1.1mm）；变化剪跨比的试件为剪跨比 1.5 的 W3-L1 和剪跨比 2.0 的 W4-L2；变化轴压比的试件为 W5-N，试验轴压比 0.3；变化水平配筋量的试件为 W6-H，水平分布筋比 W2-C 增加 67%；W8-V 的竖向型钢壁厚增加到 2.0mm。

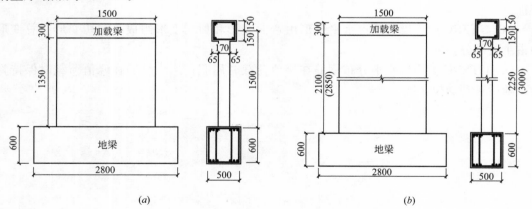

图 5.1 试件尺寸

(a)W2-C、W5-N、W6-H、W8-V；(b)W3-L1(W4-L2)

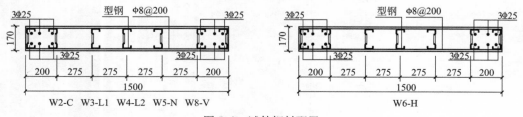

图 5.2 试件钢材配置

序号	试件编号	截面尺寸(mm)	剪跨比	墙体高度(mm)	$f_{cu,m}$(MPa)	轴压比	墙体	
							水平钢筋	型钢厚(mm)
1	W2-C	170×1500	1	1500	27.6	0.15	Φ8@200	1.1
2	W3-L1	170×1500	1.5	2250	27.6	0.15	Φ8@200	1.1
3	W4-L2	170×1500	2	3000	26.0	0.15	Φ8@200	1.1
4	W5-N	170×1500	1	1500	25.0	0.3	Φ8@200	1.1
5	W6-H	170×1500	1	1500	24.6	0.15	Φ8@120	1.1
6	W8-V	170×1500	1	1500	25.0	0.15	Φ8@200	2.0

试件参数　　　　　　　　　　　　　　　表 5.1

注：$f_{cu,m}$为立方体抗压强度平均值。

各试件边缘构件的构造和配筋（钢）、型钢形状和间距、插筋布置与第 4 章的 W1 相同，边缘纵向钢筋为 6C25，薄钢板箍宽度 100mm、厚度 2mm，间距 100mm。试件钢骨架如图 5.3 所示，厚度 1.1mm 的型钢最小净截面积 112mm²，厚度 2.0mm 的最小净截面积 203mm²。W6-H 的水平分布筋采用双层Φ8@120，配筋率为 0.49%，其余墙体为Φ8@200；

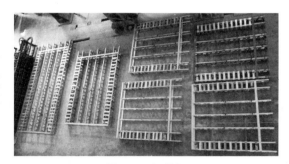

图 5.3　钢骨架

水平分布钢筋端部伸入边缘构件 120mm 锚固。两层分布钢筋间设置Φ8 拉筋，梅花形布置，间距 400mm。混凝土设计强度为 C20。各试件浇筑时均预留了 3 个标准立方体试块，与试件同条件养护，试验当天实测混凝土抗压强度见表 5.1。钢筋、型钢和钢板箍的强度实测值见表 4.3。

5.2　试验方法

5.2.1　加载方法和加载制度

试验加载装置、加载方法和加载制度与第 4 章试验相同。在荷载控制阶段剪跨比 1.0、1.5 和 2.0 的墙体的加载级差分别为 200kN、150kN 和 100kN；试验结束时的位移角约 1/40。

5.2.2　测点布置

试验中量测了试件的荷载、位移、应变等，测点布置与第 4 章基本相同。剪跨比 1.0 的试件的传感器和应变片布置如图 4.8 和图 5.4 所示。试验数据由 IMP 数据采集系统通过计算机实时监控并采集。

图 5.4　仪表和应变片布置

5.3　试验现象

5.3.1　W2-C 试件

W2-C 为基准墙体，受力过程如下：

(1) 出现水平裂缝：当水平荷载达到 +327、−345kN 时，墙体底部出现微细水平裂缝。

(2) 出现竖向裂缝：水平荷载达到 +505 和 −450kN 时，沿中部冷弯薄壁型钢出现由短细斜裂缝组成的竖向裂缝 1、2，如图 5.5(a) 所示；水平荷载增加到 +560 和 −490kN 时，出现竖向裂缝 3，在 +620 和 −630kN 时，出现竖向裂缝 4、5。

(3) 出现斜裂缝：水平荷载在 +640kN 和 −600kN 时，墙板中出现斜裂缝 1、2；在 +720kN 和 −610kN 时，出现斜裂缝 3、4；这些斜裂缝未延伸入边缘构件（见图 5.5(a) 所示）。+720kN 时，斜裂缝宽度为 0.25mm，在 −740kN 时为 0.3mm。随着荷载增大，中部竖向裂缝处的短细斜裂缝间距减小，竖向裂缝将墙板分割成一系列墙柱；接近峰值荷载时，墙柱上下端出现局部斜裂缝（见图 5.5(b)）。

(4) 达到峰值荷载：位移角 1/275 时，竖向裂缝 2 局部混凝土突起、掉渣（见图 5.5(b)），缝两侧墙柱相对变形（竖向错动和水平张开变形）突然增大，水平钢筋屈服，达到峰值荷载 +946kN 和 −884kN，此时边缘构件纵筋没有屈服，墙趾混凝土完好，边缘构件仅有少量水平裂缝，宽度很小（见图 5.5(b, c)）。

(5) 演变为分缝墙：峰值荷载后，随着墙体变形增加，竖向裂缝 1 和竖向裂缝 3 处混凝土开始掉渣，两侧相对变形继续增大，墙体演变为分缝墙，同时墙柱上下端的局部斜裂缝宽度也越来越大。各墙柱上下端的局部斜裂缝交点基本在同一标高上，混凝土剥落区域分布在交点之间，交点之外的混凝土较为完整，见图 5.5(d)。当荷载下降到 0.9 倍峰值荷载、位移角为 1/120 时，中间型钢局部保护层完全剥落，其余竖向裂缝处的混凝土剥落程度较轻，最外侧竖向裂缝仅出现掉渣现象；同时，局部斜裂缝与竖向裂缝连在一起，形成一条折线状对角裂缝（见图 5.5(d)）。

（6）墙体破坏：荷载下降到极限承载力的85%时，墙体的位移角约1/70，中间3个竖向裂缝处露出型钢，但墙趾处混凝土未压溃（见图5.5(e)）。

W2-C的最终破坏形态是竖向裂缝分割的一系列墙柱的弯剪破坏，破坏区域集中于竖向裂缝，墙柱和边缘构件的混凝土比较完整，能够保持很高的竖向承载力。

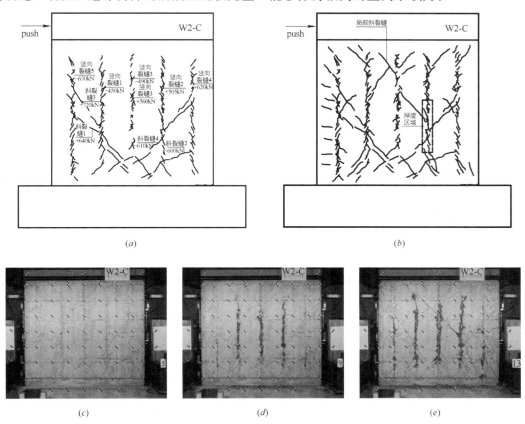

图5.5 W2-C墙的破坏过程和破坏形态

(a)±750kN裂缝状况；(b)峰值荷载时的裂缝状况；(c)峰值荷载；(d)出现整体斜裂缝；(e)破坏

5.3.2 W3-L1试件

W3-L1的剪跨比为1.5。水平荷载达到+210kN、−210kN时墙体根部出现弯曲裂缝。随后出现了竖向裂缝和斜裂缝，斜裂缝的发展被竖向裂缝截断，且局限于墙板中，边缘构件中仅有水平裂缝（见图5.6(a)）。在位移角1/280时，已经出现的斜裂缝继续延伸形成斜裂缝5；负向加载时竖向裂缝两侧的相对变形突然增加，达到峰值承载力−673kN。在位移角1/180时，竖向裂缝2局部混凝土突起掉渣，墙体达峰值荷载+702kN，见图5.6(b)、(c)。峰值后中间三条竖向裂缝处混凝土剥落，承载力下降较快；当位移角为1/130，边缘竖向裂缝混凝土开始剥落，此时承载力下降到峰值荷载的85%，见图5.6(d)。随后墙柱绕竖向裂缝两端局部斜裂缝的交点转动，交点之外的墙体基本完好，墙体承载力衰减速度慢慢变缓，水平力-位移骨架线出现一个平台：位移角由1/80增加到1/38，承载力由峰值荷载的77%下降到68%。控制位移60mm时，混凝土破坏分布于竖向裂缝区域，墙柱混凝土基本完好，边缘构件虽然有较多的裂缝，但是宽度不大，见图 5.6(e)。

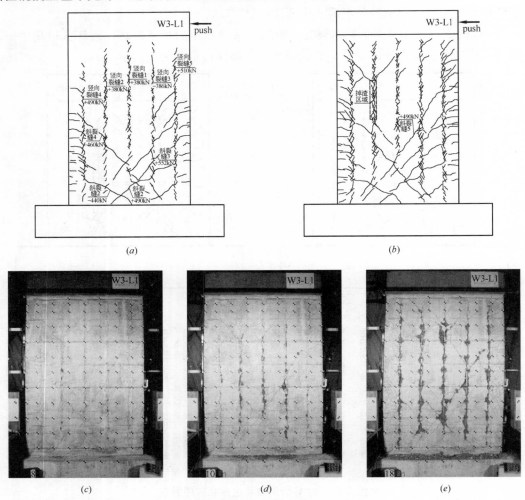

图 5.6　W3-L1 墙的破坏过程和破坏形态

(a)±600kN 裂缝状况；(b)峰值荷载时的裂缝状况；(c)峰值荷载；(d)破坏；(e)位移角 1/38

5.3.3　W4-L2 试件

　　W4-L2 的剪跨比为 2.0。W4-L2 的裂缝出现顺序为根部水平裂缝、斜裂缝和竖向裂缝。水平作用较小时斜裂缝局限于墙板中，一般延伸到竖向裂缝处中断，并在墙体中线相交，见图 5.7(a)。当位移角达到 1/190 时，斜裂缝 3、4 延伸到墙底，宽度 1.6mm，竖向裂缝两侧混凝土相对位移突然增大，水平分布筋屈服，墙体达到极限承载力；此时边缘构件有较多的水平裂缝，斜裂缝分布在下部 1.5m 范围内，见图 5.7(b)、(c)。位移角为 1/150 时，竖向裂缝中部区域混凝土突起掉渣，上部出现局部斜裂缝。随着控制位移的增大，局部斜裂缝开展较为迅速，竖向裂缝处混凝土剥落，墙体演变为分缝墙；墙柱绕着局部斜裂缝的交点转动，交点之外的墙体基本完好；在位移角 1/110 时，墙体承载力下降到峰值荷载的 85%，见图 5.7(d)。随后墙体承载力下降缓慢进而趋于稳定，位移角由 1/65

增大到 1/41，承载力基本保持不变。控制位移达到 73.3mm 时，承载力为峰值荷载的 72%，试验停止，此时混凝土破坏分布于竖向裂缝区域，墙柱基本完好，边缘构件虽然有较多的水平裂缝，但是宽度不大，见图 5.7(e)。

W3-L1、W4-L2 的破坏过程与 W2-C 不同。

(a) 竖向裂缝与斜裂缝出现次序不同。W2-C 的斜裂缝出现时，所有型钢处都出现竖向裂缝；W3-L1 仅出现部分竖向裂缝；W4-L2 的斜裂缝出现在竖向裂缝之前。

(b) 峰值承载力时，竖向裂缝处混凝土状况不同。在峰值荷载时，W2-C 竖向裂缝处混凝土有突起、掉渣等破坏现象；W3-L1 在负向峰值荷载时竖向裂缝处混凝土完好，在正向峰值荷载时竖向裂缝处混凝土破坏；W4-L2 在峰值荷载时竖向裂缝处混凝土没有发生破坏。

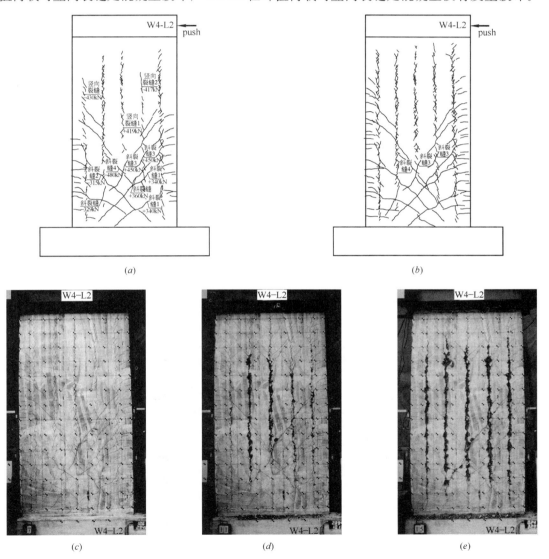

图 5.7　W4-L2 墙的破坏过程和破坏形态
(a)±500kN 裂缝状况；(b)峰值荷载时的裂缝状况；(c)峰值荷载；(d)破坏；(e)位移角 1/41

（*c*）峰值荷载后，随着各竖向裂缝混凝土依次破坏，W2-C 的承载力下降速度较为均匀；W3-L1 和 W4-L2 承载力开始衰减较快，然后逐渐变缓，下降到约 80% 峰值荷载后，荷载-位移骨架线出现平台段。

5.3.4 W5-N 试件

W5-N 的轴压比为 0.3，是 W2-C 的两倍。轴压比增大提高了墙体根部水平裂缝和斜裂缝出现荷载，W5-N 的竖向裂缝 1 先于墙体根部水平裂缝出现，斜裂缝出现荷载达到 +740kN、−810kN，见图 5.8(*a*)，在 +800kN 时斜裂缝宽度小于 0.1mm。控制位移角为 1/230 时，竖向裂缝处的局部混凝土突起掉渣，缝两侧混凝土相对变形突然增大，水平分布筋屈服，试件达到极限承载力 +939kN，−932kN，极限剪压比 W2-C 提高 13.2%；峰值荷载时边缘构件纵筋处于弹性阶段，水平钢筋屈服，墙趾混凝土完好(见图 5.8(*b*)，(*c*))。荷载下降到极限承载力的 85% 时，墙体的位移角约 1/83，见图 5.8(*d*)。由 W5-N 的破坏过程可知增大轴压力提高了水平裂缝和斜裂缝的开裂荷载，减小了裂缝宽度，提高了极限承载力。

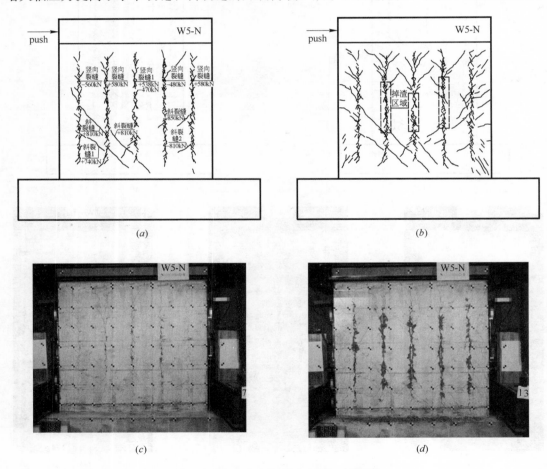

图 5.8　W5-N 墙的破坏过程和破坏形态

(*a*)位移角 1/475 裂缝状况；(*b*)峰值荷载时的裂缝状况；(*c*)峰值荷载；(*d*)破坏

5.3.5 W6-H 试件

W6-H 的水平分布筋为 φ8@120，比 W2-C 提高 67%。W6-H 的裂缝情况见图 5.9 (a)。接近峰值承载力时，墙体沿对角线方向出现一些折线状斜裂缝，见图 5.9(b)。位移角 1/227 时，竖向裂缝处的局部混凝土突起掉渣，水平分布筋屈服，试件达到极限承载力，见图 5.9(b)、(c)，相应荷载为 +887kN、−883kN，剪压比 W2-C 提高 8.8%。当位移角为 1/55 时，墙体承载力下降到峰值承载力的 85%，见图 5.9(d)。

W6-H 的破坏过程和破坏形态与 W2-C 相似。由于水平分布筋增多，墙体斜裂缝间距和宽度减小，峰值荷载前出现较多的斜裂缝，与竖向裂缝组成多条折线状对角裂缝。峰值荷载后，W6-H 的承载力衰减速度较慢，破坏时变形为 W2-C 的 1.27 倍。

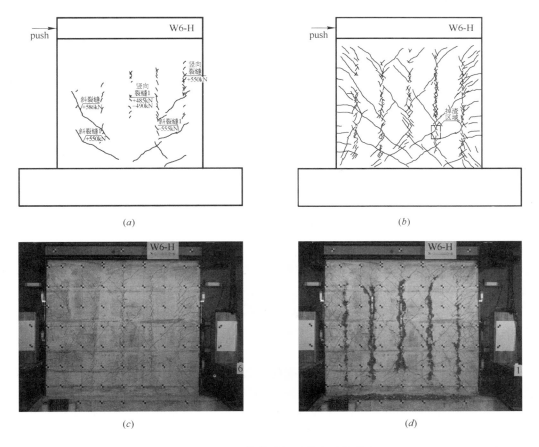

图 5.9 W6-H 墙的破坏过程和破坏形态
(a)±600kN 裂缝状况；(b)峰值荷载时的裂缝状况；(c)峰值荷载；(d)破坏

5.3.6 W8-V 试件

W8-V 的型钢的截面积比 W2-C 提高 81%。其承载力、裂缝发展规律、破坏过程以及最终破坏模式与 W2-C 基本相同，如图 5.10 所示。

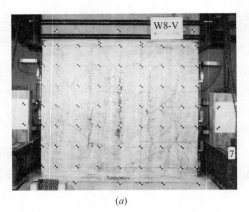
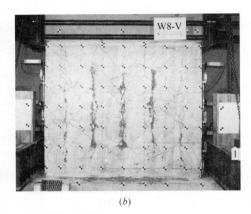

(a)　　　　　　　　　　　　　　　　　　(b)

图 5.10　W8-V 墙的破坏过程和破坏形态
(a)峰值荷载；(b)破坏

5.4　CTSRC 剪力墙受力特点

（1）两阶段受力

CTSRC 剪力墙的破坏过程分为两个阶段：整体墙工作阶段和分缝墙工作阶段。①整体墙工作阶段：CTSRC 剪力墙竖向裂缝出现前的骨架曲线与钢筋混凝土剪力墙基本重合，墙体刚度大。随着水平荷载增大，CTSRC 剪力墙沿着冷弯薄壁型钢出现由很多短细裂缝组成的竖向裂缝，峰值荷载前短细裂缝宽度很小，竖向裂缝对墙体刚度影响非常小；竖向裂缝将整个墙体分割成若干个墙柱，改变了斜裂缝的发展，斜裂缝宽度比较小，避免了出现主斜裂缝，从而防止剪切破坏；这个阶段墙体的损伤较小。②分缝墙工作阶段：峰值荷载时 CTSRC 剪力墙竖向裂缝两侧墙柱相对变形突然增大，峰值荷载后竖向裂缝处混凝土逐渐破坏，墙体由整片墙演变为多个墙柱组成的分缝剪力墙，承载力下降较为缓慢，延性非常好。破坏时竖向裂缝以外的混凝土基本完好，墙柱和边缘构件混凝土基本保持完整，竖向承载力损失较少，具有良好的抗倒塌能力。

（2）损伤可控

CTSRC 剪力墙可以控制损伤部位和损伤历程，具有多道抗震防线，满足三水准抗震设防目标。CTSRC 剪力墙中开孔冷弯薄壁型钢与混凝土的交界处首先出现损伤，将墙体的损伤集中在预定的部位，引导墙体形成预设的损伤模式。CTSRC 剪力墙可以看作双重抗震结构体系，竖向裂缝处的混凝土和水平钢筋是次结构构件，墙柱和边缘构件组成主结构。按现行抗震规范的三水准设防的要求，在小震下主、次结构都处于弹性范围；在中震下主结构基本处于弹性范围，竖向裂缝处发生轻微损伤，震后便于修复；在大震下水平钢筋屈服，竖向裂缝处混凝土逐渐破坏而退出工作，整体结构的地震反应减小，主要依靠次结构构件耗散地震能量，主结构具备足够的延性，损伤程度很小；甚至在超过规范大震水平的地震作用下，墙体能保持较大的竖向承载力，可避免结构倒塌。CTSRC 剪力墙竖向裂缝处的混凝土是第一道防线。通过合理的构造设计，可以控制 CTSRC 剪力墙损伤部位和损伤阶段的发展，使结构性能满足不同抗震性能要求，显著增大了剪力墙抗震性能的可设计性，有助于性能化抗震设计的实现。

（3）延性剪切破坏

CTSRC 剪力墙可以避免脆性剪切破坏，改变损伤区域集中于底部区域的状况。传统剪力墙按照"强剪弱弯"进行设计，破坏区域一般集中在底部的塑性铰区，混凝土破坏导致截面被削弱，承载力和刚度损失较大，同时混凝土的抗剪能力和抗滑移能力也大为减少，墙体主要依赖钢筋提供受剪承载力[102][103]，需要设置必要的措施减少墙体的滑移变形[45]；为了提高延性和抗倒塌能力，相关规范还规定了边缘构件构造、轴压比限值等规定[95]，增加了材料用量。即使采取上述设计原则和构造措施，墙体仍会发生剪切破坏，破坏模式不易控制，这一点被世界各地的震害所证实，有的学者甚至认为剪力墙在地震中基本发生剪切破坏[24]。另外悬臂剪力墙为静定结构，传统剪力墙只要一个截面出现塑性铰就会变成机构；通常的改进措施是在墙体上开设洞口，设置连梁，形成超静定结构，同时降低墙体高宽比，减少剪切破坏的危险；但是这样又产生一个新的矛盾，即连梁也是剪切敏感性构件，虽然联肢墙采用"强墙弱梁"的设计原则，但在实践中难以达到目的，在汶川地震中连梁基本是脆性剪切破坏，较少出现弯曲破坏[9]。因此传统剪力墙采用的"强剪弱弯"和"强墙弱梁"的设计原则理论上可行，实践中难以成行。CTSRC 剪力墙可以解决传统剪力墙的弊端，首先不需要遵循"强剪弱弯"的设计原则，CTSRC 剪力墙避免了脆性剪切破坏，延性和变形能力非常好，即使按照"强弯弱剪"设计也可获得很好的受力性能；可以配置较多的纵向钢筋，显著提高正常使用阶段刚度，延缓水平裂缝和斜裂缝的开展；峰值后 CTSRC 剪力墙演变为分缝剪力墙，变形能力大，延性好；破坏时墙体没有塑性铰区，墙柱和边柱基本完好，竖向承载力和抗滑移承载力损失较少；其次悬臂CTSRC 剪力墙的破坏区域分布在竖向裂缝区域，墙体自动形成超静定的分缝剪力墙，不需要采用设置洞口和连梁的方法提高安全性；即使设置连梁，由于 CTSRC 剪力墙不会形成集中破坏的模式，可以放弃"强墙弱梁"的原则，甚至可以采用"强梁弱墙"的原则，充分发挥 CTSRC 剪力墙受力性能的优越性。

（4）材料利用率高

传统剪力墙仅塑性铰区域的竖向钢筋和混凝土能充分发挥作用。CTSRC 剪力墙峰值荷载时水平钢筋屈服，峰值荷载后，端部纵向钢筋逐渐屈服，最终墙体中大部分钢筋都能达到屈服；同时 CTSRC 剪力墙混凝土破坏区域面积大而分散，也得到了较充分利用。因此，CTSRC 剪力墙是一种材料利用率高的新型剪力墙。

5.5 试验结果与分析

5.5.1 水平力-位移滞回曲线

图 5.11 是各试件的顶点水平力-位移滞回曲线，纵轴为剪压比 V/f_cbh_0，横轴为位移角 Δ/H。可以发现 CTSRC 剪力墙的滞回曲线有以下特征：

（1）在试件出现斜裂缝前，基本为直线，滞回环包围的面积很小，可认为处于弹性工作状态；

（2）峰值荷载前，卸载段基本为直线，残余变形较小；

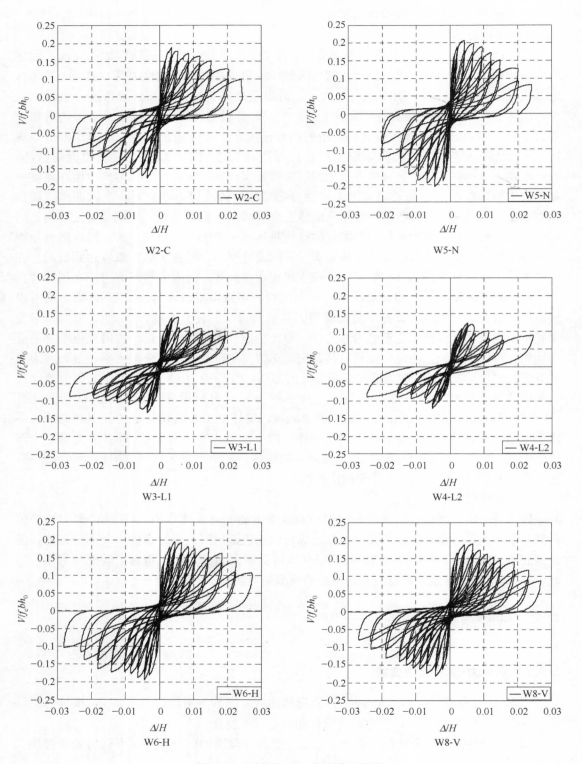

图 5.11　顶点水平力-位移滞回曲线

（3）峰值荷载后，滞回曲线捏拢现象越来越明显，残余变形逐渐增大；

（4）剪跨比1.5和2.0的墙体，峰值荷载后墙体承载力慢慢趋于稳定，出现一个平台段，滞回曲线加载段刚度逐渐降低，残余变形随着位移增大而增加，承载力基本保持不变。

5.5.2 水平力-位移骨架曲线

试件水平力-位移骨架曲线如图5.12所示；表5.2是各试件荷载峰值点、极限点的荷载和位移；表5.3是各试件出现水平裂缝、竖向裂缝和斜裂缝时的荷载和位移。

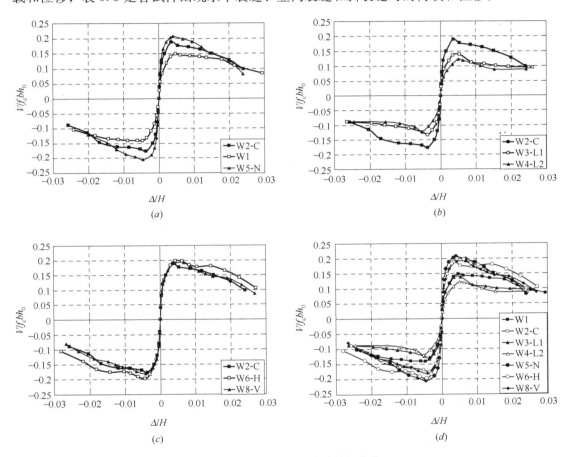

图 5.12　顶点水平力-位移骨架曲线

峰值点和极限点特征　　　　表 5.2

试件编号		V_m(kN)	峰值点 剪压比 V_m/f_cbh_0 均值	相对值	Δ_m(mm)	极限点 Δ_u(mm)	H/Δ_m	H/Δ_u	Δ_u/Δ_m
W2-C	推	946	0.182	1	5.42	17.81	275	70	3.93
	拉	884			5.50	25.28			
W1	推	1052	0.145	0.797	7.14	27.20	211	55	3.86
	拉	999			7.07	27.63			

续表

试件编号		V_m(kN)	剪压比 V_m/f_cbh_0 均值	相对值	Δ_m(mm)	Δ_u(mm)	H/Δ_m	H/Δ_u	Δ_u/Δ_m
W3-L1	推	702	0.137	0.753	12.23	18.13	220	130	1.69
	拉	673			8.26	16.47			
W4-L2	推	584	0.122	0.670	15.27	30.87	193	114	1.69
	拉	577			15.79	22.80			
W5-N	推	939	0.206	1.132	6.25	18.19	229	83	2.76
	拉	932			6.89	18.14			
W6-H	推	887	0.198	1.088	6.60	27.46	227	55	4.13
	拉	883			6.63	27.15			
W8-V	推	872	0.186	1.022	10.17	16.63	182	88	2.07
	拉	822			6.30	17.60			

注：剪压比相对值以 W2-C 为基准。

开裂点荷载和位移　　　　　　　表 5.3

试件编号		根部水平开裂 荷载(kN)	位移(mm)	H/Δ	刚度特征值	竖向开裂 荷载(kN)	位移(mm)	H/Δ	刚度特征值注	斜向开裂 荷载(kN)	位移(mm)	H/Δ	刚度特征值
W2-C	推	327	0.356	4202	1.022	505	0.794	1889	0.854	640	1.473	1018	0.574
	拉	345	0.527	2846		450	0.743	2019		600	1.497	1002	
W1	推	300	0.319	4702	0.979	500	0.714	2101	0.797	575	0.966	1553	0.698
	拉	375	0.406	3695		450	0.758	1979		540	1.007	1490	
W3-L1	推	210	0.642	3505	1.017	380	1.575	1429	0.843	490	3.139	717	0.612
	拉	210	0.682	3299		386	1.657	1358		440	2.265	993	
W4-L2	推	205	1.379	2175	1.019	419	6.514	461	0.453	340	3.778	394	0.665
	拉	210	1.567	1914		417	7.121	421		315	3.558	843	
W5-N	推	528	0.809	1854	0.922	538	0.809	1854	0.958	740	1.795	836	0.468
	拉	525	0.833	1801		470	0.690	2174		810	3.051	492	
W6-H	推	396	0.532	2822	0.994	485	0.794	1889	0.800	550	1.163	1289	0.630
	拉	380	0.556	2698		490	0.905	1658		555	1.279	1173	
W8-V	推	321	0.464	3233	1.043	465	0.843	1779	0.836	550	1.295	1158	0.630
	拉	220	0.382	3927		390	0.614	2443		530	1.146	1309	

注：刚度特征值表示构件在该荷载点的割线刚度与构件弹性刚度计算值的比值。构件弹性刚度计算值是考虑弯曲
变形、剪切变形的顶点作用集中力的弹性悬臂构件的刚度。

5.5.2.1　开裂荷载

W1 根部水平开裂的荷载为 290kN，W2-C 为 335kN，说明即使墙体底部施工缝得到
处理，仍会降低开裂荷载。

轴压力增大可推迟墙体根部水平裂缝和斜裂缝的出现，W5-N 的水平开裂荷载和斜向
开裂荷载分别为峰值荷载的 57% 和 85%，而其他试件的平均值分别为 37% 和 65%。

5.5.2.2 受剪承载力

（1）剪跨比是影响墙体受剪承载力的最主要因素。随着剪跨比的增大，极限承载力降低，如图 5.13 所示。

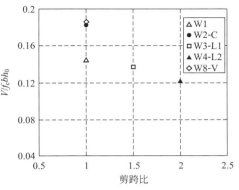

图 5.13 极限承载力与剪跨比的关系

（2）水平分布筋是影响墙体受剪承载力的另一主要因素。W6-H 的水平分布筋比 W2-C 提高 66.7%，峰值承载力提高 8.8%，且峰值后承载力稳定性也得到提高。

（3）增大轴压力可提高墙体的受剪承载力。W5-N 的轴压比是 W2-C 的两倍，极限承载力提高 13.2%。

（4）W8-V 的型钢有效截面积是 W2-C 的 1.81 倍，极限剪压比与 W2-C 基本相同，骨架曲线也基本重合，可见在一定范围内增加型钢配置量对 CTSRC 剪力墙受力性能影响很小。

（5）比较 W2-C 与第 4 章中的 W1 可以发现，提高混凝土强度可以提高墙体的受剪承载力，W1 中混凝土抗压强度为 W2-C 的 1.41 倍，极限承载力比 W2-C 提高 12.1%。而 W1 的极限剪压比显著低于 W2-C，原因是当水平分布筋相同而混凝土强度降低时，水平分布筋对受剪承载力的贡献较大。

5.5.2.3 变形能力

剪跨比为 1.0 的 CTSRC 剪力墙试件的极限位移角大于 1/100（见表 5.2），满足《高层建筑混凝土结构技术规程》[95] 规定的剪力墙弹塑性极限层间位移角限值的要求。剪跨比 1.5 和 2.0 的墙体破坏时的位移角稍大于 1/100，这两个墙体在承载力下降到 80% 左右时，骨架曲线出现一个平台段，变形性能较好，而且墙体可保持较高的竖向承载力，认为这两个墙体变形能力可满足规范要求。

5.5.2.4 剪压比限值

为了防止脆性剪切破坏，《建筑抗震设计规范》规定剪跨比不大于 2 的剪力墙的剪压比限值为 $0.176 f_c b h_0$[95]。W2-C、W5-N、W6-H 和 W8-V 的峰值剪压比都大于规范规定值；W5-N 的峰值剪压比超过规范值 17%，而极限位移角为 1/83，极限位移与峰值位移之比达到 2.76。因此对于 CTSRC 剪力墙，规范规定的剪压比限值不再适用，具体限值大小需要进一步研究确定。

5.5.3 延性分析

5.5.3.1 位移延性系数

表 5.4 为各试件的位移延性系数，以斜裂缝出现点为屈服点。由表 5.4 可知，CTSRC 剪力墙具有非常好的延性；当轴压比增大时，斜裂缝出现荷载增大，屈服位移增大，延性系数减小；水平分布钢筋增多，对屈服位移影响不大，但显著提高极限位移，提高了延性系数；增大型钢截面积对墙体延性没有影响。

在峰值后 W3-L1 和 W4-L2 的承载力首先是一段明显的下降段，极限点位移角较小，而屈服点位移角较大，因此延性系数较小。W3-L1 和 W4-L2 延性承载阶段的承载力小于峰值荷载的 85%，采用延性系数无法反映其变形能力。

| 试件的位移延性系数 | | | | | | 表 5.4 |

试件编号		屈服点			极限点		延性系数
		荷载 V_y(kN)	位移 Δ_y(mm)		Δ_u(mm)	平均(mm)	
			位移(mm)	平均(mm)			
W2-C	推	640	1.473	1.49	17.81	21.55	14.51
	拉	600	1.497		25.28		
W3-L1	推	490	3.139	2.70	18.13	17.3	6.4
	拉	440	2.265		16.47		
W4-L2	推	340	3.778	3.67	30.87	26.84	7.32
	拉	315	3.558		22.80		
W5-N	推	740	1.795	2.42	18.19	18.17	7.5
	拉	810	3.051		18.14		
W6-H	推	550	1.163	1.22	27.46	27.31	22.36
	拉	555	1.279		27.15		
W8-V	推	550	1.295	1.22	16.63	17.12	14.02
	拉	530	1.146		17.60		

5.5.3.2 延性承载阶段

CTSRC 剪力墙在峰值荷载后有一个承载力缓慢下降的延性承载阶段，剪跨比为 1.5 和 2.0 的试件更为明显。

水平钢筋配筋率相同的墙体延性承载阶段终点基本相同，在图 5.12(d) 中 W6-H 以外的墙体在位移角为 1/40 时，剪压比基本相等，因此本书将位移角 1/40 定为延性承载阶段终点。

在延性承载阶段 CTSRC 剪力墙冷弯薄壁型钢翼缘表面的混凝土基本脱落，随着墙体变形增大，水平钢筋的倾角越来越大，竖直方向的分力约束墙柱相对变形，CTSRC 剪力墙的受力特性与双功能带缝剪力墙相应阶段的受力特性相似，因此引入后期延性比评价 CTSRC 剪力墙在延性承载阶段的变形能力[65][101]。

墙体延性承载阶段终点的位移角为 1/40，起点的承载力定义为峰值荷载的 0.85 倍。定义后期延性比 $\alpha = \Delta_D/\Delta_C$，$\Delta_C$、$\Delta_D$ 分别为延性承载阶段起点和终点的位移[65][101]。W3-L1 和 W4-L2 的后期延性比见表 5.5，可见 W4-L2 比 W3-L1 有更好的变形能力。

| 试件后期延性比 | | | | | | 表 5.5 |

试件编号		延性承载段起点荷载 V_C(kN)	延性承载段起点位移 Δ_C(mm)	后期延性比 α	延性承载段终点荷载 V_D(kN)	终点荷载与峰值荷载比 $V_D V_m$
W3-L1	推	564	20.2	2.27	479	0.683
	拉	552	29.3		444	0.660
W4-L2	推	496	31	2.78	421	0.722
	拉	489	22.9		415	0.720

5.5.4 刚度分析

5.5.4.1 开裂点刚度特性

各试件出现水平裂缝、竖向裂缝和斜裂缝的刚度变化规律见表 5.3。

（1）水平裂缝

W1 刚度退化比 W2-C 大，说明墙体施工缝处即使得到谨慎的处理，仍然会减少开裂后刚度。试件根部出现弯曲裂缝时，W2-C、W3-L1、W4-L2、W6-H 和 W8-V 的刚度退化非常小，可见端部纵向钢筋较多时，水平裂缝出现对墙体刚度影响不明显。W5-N 水平开裂时刚度特征值为 0.922（刚度特征值表示构件在该荷载点的割线刚度与构件弹性刚度计算值的比值），在这个荷载水平下 W2-C 的刚度特征值小于 0.85，说明轴压力可以延缓侧移刚度的退化。

（2）竖向裂缝

竖向裂缝出现时两侧墙柱的水平和竖向相对变形为 0，对墙体刚度影响非常小。W4-L2 以外的墙体出现竖向裂缝时，刚度特征值大于 0.80，W4-L2 的斜裂缝先于竖向裂缝出现，出现竖向裂缝时的刚度特征值比较小。W5-N 的竖向裂缝出现时刚度特征值为 0.958，此时水平裂缝还没出现，说明竖向裂缝出现对构件刚度影响较小。

（3）斜裂缝

CTSRC 剪力墙斜裂缝出现时刚度降低较多，W2-C、W1、W3-L1、W4-L2、W6-H 和 W8-V 的刚度特征值在 0.6 左右。W4-L2 的斜裂缝出现在竖向裂缝之前，斜裂缝出现时的刚度特征值与其他墙体的差不多，这也说明出现竖向裂缝对墙体刚度的影响不明显。W5-N 的斜裂缝出现时的荷载远大于 W2-C，刚度退化较大。因此斜裂缝出现时构件的刚度退化特征受轴压比影响较大，剪跨比、水平钢筋配筋率、混凝土强度和竖向型钢截面积影响很小。

5.5.4.2 刚度退化规律

CTSRC 剪力墙可按照"强弯弱剪"进行设计，边缘纵向钢筋置较多，能抑制弯曲裂缝和弯剪斜裂缝的开展，提高刚度；在峰值荷载前虽然出现了竖向裂缝，但两侧的相对变形几乎为 0，变形性能与整截面墙相似。

图 5.14 为试件割线刚度与位移角的关系，列出位移角为 1/1000、1/300 和 1/100 时试件割线刚度与弹性刚度计算值的比值。可见随着剪跨比提高，墙体刚度衰减减缓。轴压比增大也会提高墙体的刚度。其他参数对墙体刚度影响不明显。

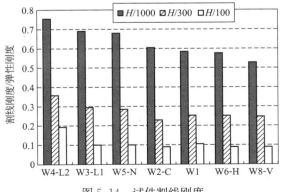

图 5.14 试件割线刚度

5.5.5 竖向裂缝两侧相对变形

CTSRC 剪力墙的竖向裂缝对其受力性能影响非常大。竖向裂缝两侧墙柱的竖向相对变形和水平相对变形与水平作用的关系如图 5.15 所示，竖向相对变形为 5 个位移计测量结果的平均值，水平相对变形为 3 个测量结果的平均值。可以发现水平和竖向相对变形在峰值荷载时突然增大，这之前非常小，如图 5.15(a)，(b)；峰值荷载后，竖向和水平相对变形与墙体位移角之间基本为线性关系，如图 5.15(c)，(d)。增加水平钢筋可以减少水平和竖向相对变形，从而提高墙柱间的整体性和墙体承载力稳定性。

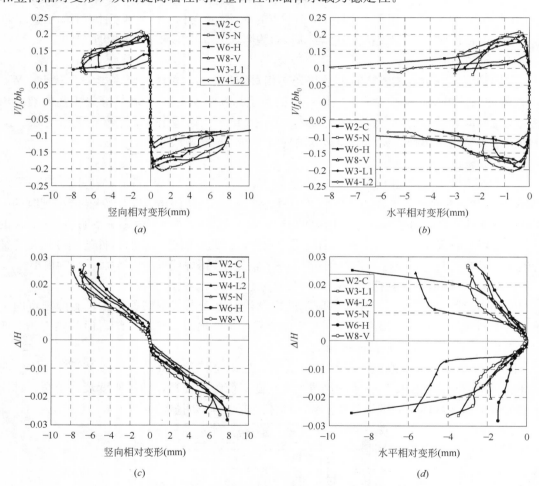

图 5.15 竖向裂缝两侧混凝土相对变形骨架曲线

(a)竖向相对变形与水平力的关系；(b)水平相对变形与水平力的关系；(c)竖向相对
变形与位移角的关系；(d)水平相对变形与位移角的关系

5.5.6 水平变形的组成分析

剪力墙水平变形 Δ 包括三部分：墙底滑移变形 Δ_{sl}、弯曲变形 Δ_f、剪切变形 Δ_s。

墙体滑移变形 Δ_{sl} 的测量结果如图 5.16 所示，滑移变形非常小，不超过顶点水平位移的 5%，可以忽略其影响。

图 5.17 为试件加载点位置的剪切变形在总变形中所占比例 Δ_s/Δ 的变化规律，纵轴为 Δ_s/Δ，横轴为位移角。受试验条件限制，没有得到 W4-L2 的相关数据。由图 5.17 可以发现：

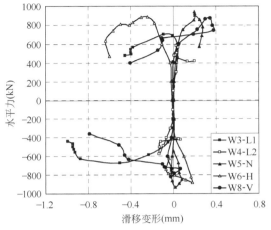 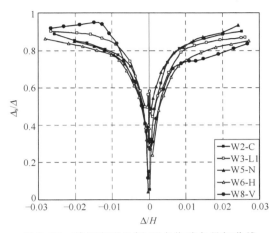

图 5.16 水平力-滑移变形骨架曲线   图 5.17 剪切变形比例-顶点位移角骨架曲线

（1）随着顶点位移的增大，剪切变形比例逐步增大。Δ_s/Δ 在位移角 1/1000 时约为 30%～40%，在峰值荷载时提高到 60%～70% 时，破坏时为 80% 左右，位移角 1/40 时约 90%。

（2）W6-H 的 Δ_s/Δ 较小，说明水平钢筋限制了竖向裂缝和斜裂缝的开展，可以减小剪切变形。

5.5.7 竖向变形

CTSRC 剪力墙在斜裂缝出现前，整个墙高范围内都为压缩变形；斜裂缝出现后，底部一定范围内仍旧保持压缩变形，其余部分墙体为拉伸变形，累积到墙体顶部总体表现为拉伸变形（如图 5.18(a)所示）。

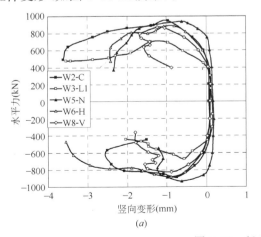 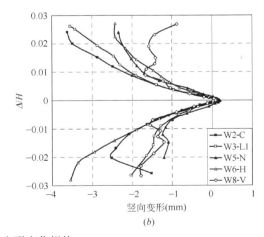

| | (a) | | (b) |

图 5.18 竖向变形变化规律

(a)竖向变形-顶点水平力骨架线；(b)竖向变形-顶点位移角骨架线

墙体顶点竖向变形-位移角骨架线如图 5.18(b)所示，可见顶点竖向变形与水平位移之间基本为线性关系, 最大达到墙高度的 1/400; 增大竖向冷弯薄壁型钢截面积和轴压比可以减少竖向变形; 高宽比增大后, 单位高度的竖向变形减小。

5.5.8 横向变形

CTSRC 剪力墙竖向裂缝和斜裂缝的开展使墙体发生横向变形。图 5.19(a) 是 W2-C 距基础梁不同高度处的横向变形, 横轴为横向变形, 纵轴为墙体顶点位移角, 可见墙体横向变形与顶点位移之间基本为线性关系; 靠近加载梁(距离加载梁 175mm)的墙体横向变形最小; 墙体中间两点(分别位于距基础梁顶面 $0.32H$ 和 $0.5H$ 处, H 为墙高)的横向变形基本相同。

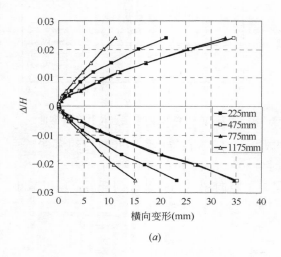

(a)

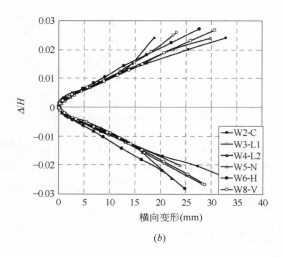

(b)

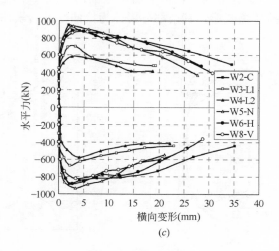

(c)

图 5.19 横向变形

(a)W2-C 不同高度处横向变形与顶点位移角关系; (b)横向变形-顶点位移
角骨架曲线; (c) 横向变形-顶点水平力骨架曲线

图 5.19(b) 是各墙体距基础梁顶面 $0.5H$ 处的横向变形与位移角的关系, W2-C 的横向

变形增长最快，最大值达到顶点变形的 91%；W6-H 的横向变形最小，水平分布钢筋增多可以减少横向变形；剪跨比、轴压比等参数对横向变形基本没有影响。

图 5.19(c)是各墙体距离基础梁顶面 0.5H 处横向变形与水平力的关系，可见开始加载时横向变形非常小；竖向裂缝和斜裂缝出现后，横向变形慢慢增大；峰值荷载后增加速率急剧增大。

将 CTSRC 剪力墙各竖向裂缝两侧混凝土的水平相对变形相加得到水平相对变形引起的横向变形，占总横向变形的 60% 左右，因此 CTSRC 剪力墙的横向胀变形远大于传统钢筋混凝土剪力墙。

5.6 本章小结

本章进行了 6 个强弯弱剪 CTSRC 剪力墙的拟静力试验，研究了剪跨比、轴压比、水平分布筋数量、混凝土强度和冷弯薄壁型钢截面积对 CTSRC 墙受力性能的影响。试验研究表明，CTSRC 剪力墙的抗震性能具有以下优点：

（1）墙体破坏过程经历整截面墙到分缝墙的过程，可以控制损伤部位和损伤历程，具有多道抗震防线，满足三水准抗震设防目标。

（2）CTSRC 剪力墙可以控制破坏模式，避免脆性剪切破坏，改变传统剪力墙损伤区域集中于塑性铰区域的状况。

（3）CTSRC 剪力墙的水平钢筋和竖向钢筋得到充分利用，混凝土的破坏区域面积大而分散，也得到了较充分利用。

各参数对 CTSRC 剪力墙受力性能的影响如下：

（1）随着剪跨比的提高，墙体受剪承载力降低，刚度衰减减缓。

（2）提高水平分布筋配筋率可提高墙体受剪承载力，改善裂缝分布和峰值后承载力稳定性，降低剪切变形在总变形中的比例。

（3）轴压力可以提高墙体的承载力和刚度，推迟水平裂缝和斜裂缝的出现，减小裂缝宽度。

（4）在一定范围内竖向冷弯薄壁型钢配置量对墙体受力性能影响很小，在满足基本要求后可不考虑。

（5）提高混凝土强度可以提高墙体的受剪承载力，降低峰值剪压比。

通过试验研究，CTSRC 墙体的受力和破坏特征如下：

（1）水平开裂和竖向开裂对墙体刚度影响比较小，斜向开裂引起刚度明显降低。

（2）墙体峰值荷载后出现一个变形能力较好的延性承载阶段，将位移角为 1/40 的状态点定义为延性承载阶段终点，采用后期延性比评价延性承载阶段的变形能力。

（3）墙体竖向裂缝两侧墙柱的水平和竖向相对变形在峰值荷载时突然增大；峰值荷载后，相对变形与顶点位移角之间基本为线性关系。增加水平钢筋可以减少水平和竖向相对变形。

（4）墙体的底部滑移变形非常小，顶点水平变形由弯曲变形和剪切变形组成，后者在总变形中占主要部分。

第 6 章　CTSRC 剪力墙受剪承载力计算

CTSRC 剪力墙的破坏机理与传统剪力墙不同，现有的计算方法无法合理评估其承载力。本章基于软化拉压杆模型，考虑 CTSRC 剪力墙竖向裂缝破坏机理，提出拉压杆-滑移模型，给出计算 CTSRC 剪力墙承载力的计算方法；同时分析了 CTSRC 剪力墙的承载力退化规律，提出 CTSRC 剪力墙的设计原则。

6.1　既有剪力墙受剪承载力计算公式和分析模型

目前，钢筋混凝土剪力墙受剪承载力计算方法主要有两类：一类是依据实验结果得到的经验公式[27][31][104]，另一类是基于力学分析模型给出的计算方法[105][106]。各国规范大多采用第一类方法，一般取偏保守的经验公式以避免反映过多参数的影响，这类公式的离散性较大[29]。基于力学分析模型得到的方法能够反映墙体的受力机理，考虑参数比较全面，计算结果与试验结果吻合较好，这方面的研究成果主要有软化桁架模型[107]、拉-压杆模型[108]等。

6.1.1　既有剪力墙受剪承载力公式

各国规范和文献中建议的基于实验结果的剪力墙受剪承载力经验公式主要考虑混凝土、水平或竖向分布钢筋、轴力等各部分的抗剪贡献，主要参数一般是：剪跨比[45][95][109]或高宽比[27][110][111]、水平（或竖向）分布钢筋、轴力等。

在反复荷载作用下，钢筋和混凝土的抗剪贡献不断变化，混凝土的抗剪贡献逐渐退化，钢筋的抗剪贡献逐渐增大。因此，有的国家在抗震设计时忽略塑性铰区域混凝土的贡献，例如 CSA Standard A23-3-04 (CSA 2004)[102]；Eurocode 8[45] 则规定墙体受到拉力作用时，不考虑混凝土的作用。

水平和竖向分布钢筋对剪力墙受剪承载力的贡献机理尚存在分歧，有的研究者认为在低矮剪力墙中竖向分布钢筋对抗剪强度的影响可以忽略[23]，有的研究者认为竖向分布钢筋比水平分布筋更为有效[27][30][31][32]。中国规范[95][109]和美国 ACI318-08[110]的剪力墙受剪计算公式沿袭梁的设计公式，主要考虑水平分布筋的贡献，同时 ACI318-08[110]中对竖向钢筋的配置做了补充规定，中国规范则规定了竖向分布钢筋的最小配筋率[95][109]。ASCE 2005[111]公式综合考虑了水平钢筋和竖向钢筋的抗剪作用。

现有公式对轴力的抗剪贡献的考虑也有区别。中国规范[95][109]和 Eurocode 8[45]考虑轴力对受剪承载力的影响，ACI318-08、CSA Standard A23-3-04 在抗震设计时不考虑轴力的作用。

以下列出现有规范和文献中混凝土剪力墙受剪承载力的计算公式。

(1) JGJ 3—2002[95]和 GB 50010—2002 公式[109]

我国《混凝土结构设计规范》（GB 50010—2002）和《高层建筑混凝土结构技术规程》（JGJ 3—2002）中，剪力墙偏心受压和偏心受拉时的斜截面抗震承载力计算公式见式（6-1）。

式（6-1）是将剪力墙非抗震受剪承载力计算公式乘以降低系数 0.8 得到的，非抗震受剪承载力见式（6-2）。

$$V_w \leqslant \frac{1}{\gamma_{RE}} \left[\frac{1}{\lambda - 0.5} \left(0.4 f_t b_w h_{w0} + 0.1 N \frac{A_w}{A} \right) + 0.8 f_{yv} \frac{A_{sh}}{s} h_{w0} \right] \tag{6-1a}$$

$$V_w \leqslant \frac{1}{\gamma_{RE}} \left[\frac{1}{\lambda - 0.5} \left(0.4 f_t b_w h_{w0} - 0.1 N \frac{A_w}{A} \right) + 0.8 f_{yv} \frac{A_{sh}}{s} h_{w0} \right] \tag{6-1b}$$

$$V_w \leqslant \frac{1}{\lambda - 0.5} \left(0.5 f_t b_w h_{w0} + 0.13 N \frac{A_w}{A} \right) + f_{yv} \frac{A_{sh}}{s} h_{w0} \tag{6-2a}$$

$$V_w \leqslant \frac{1}{\lambda - 0.5} \left(0.5 f_t b_w h_{w0} - 0.13 N \frac{A_w}{A} \right) + f_{yv} \frac{A_{sh}}{s} h_{w0} \tag{6-2b}$$

式中，N 为轴向压力设计值，鉴于对高轴压力作用下的受剪承载力缺乏足够的试验研究，公式中对轴压力的有利作用给予限制，即当 $N > 0.2 f_c b_w h_w$ 时，取 $N = 0.2 f_c b_w h_w$；λ 为计算截面的剪跨比，当 $\lambda < 1.5$ 时，取 $\lambda = 1.5$，当 $\lambda > 2.2$ 时，取 $\lambda = 2.2$；A 为剪力墙截面面积；A_w 为 T 形或 I 形截面剪力墙腹板面积；b_w 为剪力墙截面宽度；h_{w0} 为剪力墙截面有效高度；f_{yv}、A_{sh} 和 s 分别为水平分布钢筋的屈服强度、截面积和间距；γ_{RE} 为承载力抗震调整系数。

（2）ACI318-08 公式[110]

ACI318-08 中基于桁架模型规定了 2 组公式计算墙体的受剪承载力，一个用于抗震设计，见式（6-3）。

$$V_n / A_{cv} = \alpha_c \lambda \sqrt{f_c'} + \rho_t f_y \leqslant 0.83 \sqrt{f_c'} \, \text{MPa} \tag{6-3}$$

式中，f_c' 为混凝土圆柱体抗压强度，单位 MPa；A_{cv} 为墙体截面积；α_c 为混凝土抗剪贡献系数，$h_w / l_w \leqslant 1.5$ 时，$\alpha_c = 0.25$，$h_w / l_w \geqslant 2.0$ 时，$\alpha_c = 0.17$，$1.5 \leqslant h_w / l_w \leqslant 2.0$ 时，α_c 线性内插，其中 h_w 和 l_w 分别为墙高度和截面高度；ρ_t 为水平分布筋配筋率，当墙体高宽比 H/h 不大于 2 时，竖向分布筋配筋率 ρ_l 不小于水平分布筋配筋率 ρ_t；λ 为轻质混凝土力学性能调整系数，普通混凝土 $\lambda = 1.0$；为了防止斜压破坏，式（6-3）的上限为 $0.83 \sqrt{f_c'}$ MPa。

对于非抗震剪力墙，ACI318-08 的公式见式（6-4）。混凝土提供的受剪承载力 V_c 与开裂形式有关，式（6-4b）是墙体主拉应力大于 $0.33 \lambda \sqrt{f_c'}$ 出现腹剪斜裂缝的承载力；式（6-4c）是距墙体底部 $l_w / 2$ 处弯曲拉应力超过 $0.5 \lambda \sqrt{f_c'}$ 出现弯剪斜裂缝的承载力。

$$V_n / hd = (V_c + V_s) / hd \leqslant 0.83 \sqrt{f_c'} \tag{6-4a}$$

$$V_c = 0.27 \lambda \sqrt{f_c'} hd + \frac{N_u d}{4 l_w} \tag{6-4b}$$

$$V_c = \left[0.05\lambda \sqrt{f'_c} + \frac{l_w \left(0.1\lambda \sqrt{f'_c} + \dfrac{0.2N_u}{l_w h} \right)}{\dfrac{M_u}{V_u} - \dfrac{l_w}{2}} \right] hd \qquad (6\text{-}4c)$$

$$V_s = \frac{A_v f_y d}{s} \qquad (6\text{-}4d)$$

$$\rho_l = 0.0025 + 0.5 \left(2.5 - \frac{h_w}{l_w} \right) (\rho_t - 0.0025) \qquad (6\text{-}4e)$$

式中，V_u 是计算截面剪力；M_u 是计算截面弯矩；N_u 为轴力，压力为正，拉力为负；V_s 是钢筋提供的受剪承载力；h 是墙体厚度；d 是受压边缘和受拉钢筋形心距离，一般可取 $0.8l_w$；s 是水平钢筋间距；A_v 是间距 s 内的钢筋面积，最小配筋率为 0.25%。竖向分布筋的最小配筋率为式(6-4e)和 0.25% 的较大值；为防止斜压破坏，式(6-4a)的上限为 0.83 $\sqrt{f'_c}$ MPa。当 $M_u/V_u - l_w/2 \leqslant 0$ 时，式(6-4c)不再适用。Cardenas 的研究表明，墙体的高宽比越小，腹剪斜裂缝越有可能发生，由式(6-4b)控制，反之弯剪裂缝越有可能发生，式(6-4c)将起控制作用[28]。

（3）Wood 提出的公式[31]

Wood 基于剪摩擦模型，提出了式(6-5)计算低矮剪力墙的受剪承载力。

$$0.5 \sqrt{f'_c} A_w \leqslant \frac{A_{vf} f_y}{4} \leqslant \frac{5}{6} \sqrt{f'_c} A_w \qquad (6\text{-}5a)$$

$$A_{vf} f_y = A_{sb} f_{yb} + A_{wv} f_{wv} \qquad (6\text{-}5b)$$

式中，A_{sb} 和 f_{yb} 分别为边缘构件纵筋面积和屈服强度；A_{wv} 和 f_{wv} 分别为墙板纵向分布筋面积和屈服强度；A_w 为墙体截面积。

Gulec 等人[112]利用文献中 120 个剪力墙试验结果评估了 ACI318-05、Wood 等承载力计算公式，计算结果的离散性都非常大，式(6-5)的计算结果最好。但是式(6-5)仅与竖向钢筋有关，无法反映剪跨比、轴压力等参数的影响。

本书进行了 15 片 CTSRC 剪力墙试验，12 片发生剪切破坏，采用式(6-1)~式(6-5)计算其受剪承载力，计算结果与试验结果对比见表 6.1 和图 6.1。由分析结果可知，式(6-5)评估结果的平均值 1.199，标准差 0.229，对高宽比大于 1 的墙体的计算结果偏小。式(6-4)评估结果的平均值为 1.268，变异系数为 0.091，最小值大于 1，评估结果最好。

试验结果/计算结果				表 6.1
	平均值	变异系数	最小值	最大值
GB 抗震(式 6-1)	1.524	0.143	1.139	1.796
GB 非抗震(式 6-2)	1.434	0.143	1.072	1.720
ACI 抗震(式 6-3)	1.672	0.153	1.292	2.069
ACI 非抗震(式 6-4)	1.268	0.091	1.085	1.451
Wood(式 6-5)	1.199	0.229	0.761	1.644

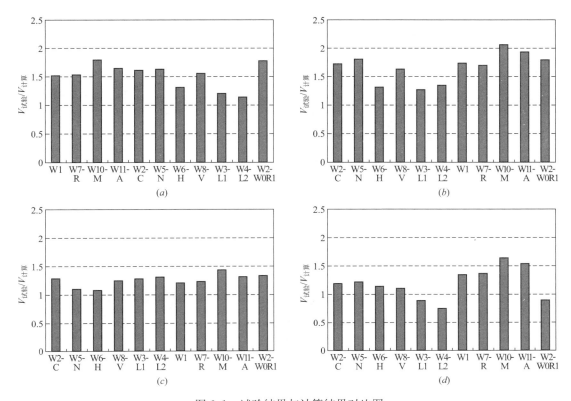

图 6.1　试验结果与计算结果对比图
(a)式(6-1)；(b)式(6-3)；(c)式(6-4)；(d)式(6-5)

6.1.2　既有剪力墙受剪承载力分析模型

　　基于基本力学原理得到的分析模型主要有软化桁架模型[107]和软化拉压杆模型[113]等。

　　1985 年，Hsu 和 Mo[107]提出了计算钢筋混凝土剪力墙受剪承载力的软化桁架模型。软化桁架模型中，剪力墙斜裂缝间的混凝土承受压力，墙体内部的钢筋提供拉力，形成桁架结构。软化桁架模型假定剪力墙应力均匀分布，墙上任一点满足平衡条件、变形协调条件和物理方程，可较好地预测低矮剪力墙的受剪承载力[107][114]。但是依据 Saint-Vanant 原理，高宽比小于 2 的低矮剪力墙中应力是非均匀分布的，该模型的基本假定与实际受力行为不符。

　　Hwang[113]等人在拉-压杆模型的基础上，修正了软化桁架模型中应力均匀分布的假定，认为低矮剪力墙中压应力沿压杆集中分布，提出了软化拉压杆模型，用于计算低矮剪力墙的受剪承载力，计算结果精度较好。

　　Hsin-Wan Yu 等人[115]分别采用软化桁架模型和软化拉压杆模型分析了 62 个剪力墙的受剪承载力，结果表明软化拉压杆模型可更合理地反应低矮剪力墙的传力机制和破坏模式，更准确地计算墙体的受剪承载力，且计算结果偏于保守。

　　本章基于软化拉压杆模型，提出反映 CTSRC 剪力墙受力机理的承载力计算模型。

6.2　软化拉压杆模型

软化拉压杆模型是在拉-压杆模型基础上发展而来的。拉-压杆模型用于混凝土结构 D 区（即不符合平截面假定的区域）的分析计算具有相当好的精度，目前已成为美国规范[110] 和欧洲规范[45]等规范推荐使用的方法。拉压杆模型仅满足力平衡条件，软化拉压杆模型满足平衡条件、变形协调和物理方程，并且考虑混凝土的软化效应。文献［113］的研究表明，采用软化拉压杆模型分析高宽比小于 2 的钢筋混凝土剪力墙的受剪承载力，效果较好。软化拉压杆模型还可用于计算混凝土界面直剪承载力[116]、梁柱节点承载力[117][118]和深梁受剪承载力[119]等。

6.2.1　用于 RC 剪力墙的软化拉压杆模型

软化拉压杆模型用于 RC 剪力墙时如图 6.2 所示，混凝土出现斜裂缝后，斜裂缝间的对角混凝土承受压力为压杆，内部的钢筋提供拉力为拉杆，钢筋承受拉力的同时又带动其他混凝土形成次压杆，当压杆节点处应力达到混凝土抗压强度时，混凝土被压溃，剪力墙达到受剪承载力。

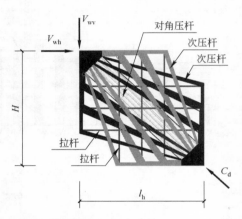

图 6.2　软化拉压杆模型拉杆、压杆分布

6.2.1.1　传力机制

软化拉压杆模型的传力机制如图 6.3 所示[113]。图 6.3(a) 中的阴影部分为 RC 墙在荷载作用下的压应力流区，图 6.3(b) 为拉-压杆桁架模型：由主对角混凝土压杆（AB）、水平钢筋和竖向钢筋形成的拉杆（CD 和 EF）和拉杆带动的混凝土次压杆（AD、BC、AF、BE）共同组成。传力机制包括对角传力机制（图 6.3(c)）、水平传力机制（图 6.3(d)）和垂直传力机制（图 6.3(e)）。各传力机制的力学模型如图 6.3(f)、图 6.3(g)、图 6.3(h) 所示。对角机制为一单独的对角混凝土压杆；水平机制包含一个水平拉杆和两个水平压杆，水平拉杆由墙体内的水平钢筋组成，假定墙体中部一半水平钢筋被充分利用，其余水平钢筋仅发挥 50% 的作用，若水平钢筋均匀布置，则水平拉杆为水平分布钢筋总量的 75%；垂直机制中包含一个垂直拉杆和两个陡压杆，垂直拉杆由墙体内的竖向钢筋组成，仅考虑墙中央 $0.8l_w$ 范围内的竖向钢筋[113]。

在图 6.3(b) 中，桁架所受外力包括 V_{wh}、V_{wv} 和 C_d，垂直剪力 V_{wv} 由拉力 T 或者外加轴力提供。由平衡关系可得[113]，

$$V_{wh} = C_d \cos\theta \qquad (6\text{-}6a)$$

$$V_{wv} = C_d \sin\theta \qquad (6\text{-}6b)$$

$$\frac{V_{wv}}{V_{wh}} = \frac{H}{l_h} = \tan\theta \qquad (6\text{-}6c)$$

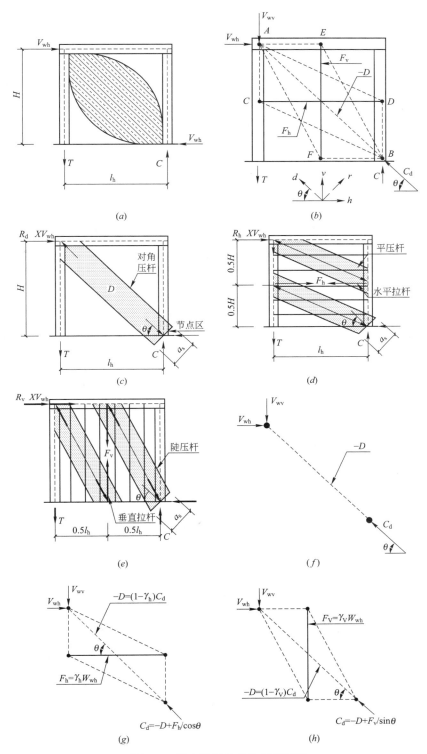

图 6.3　剪力墙的软化拉压杆模型
(a)压应力场；(b)软化拉压杆桁架模型；(c)对角机制；(d)水平机制；(e)垂直机制；
(f)对角机制模型；(g)水平机制和对角机制模型；(h)垂直机制与对角机制模型

式中，θ 为对角压杆 AB 与水平轴的夹角；H 为水平剪力作用点到墙体基础的距离；l_h 为墙底力偶的力臂，可通过力学分析确定，对矩形截面墙体可简化取为 $0.9l_w$，l_w 为墙体截面高度，对有边柱的墙体 l_h 可取边柱几何中心间的距离。

对角压杆的有效截面积为 A_{str}，$A_{str}=a_s \times b_s$；a_s 为对角压杆高度，与墙体受压区高度 a_w 密切相关，简化取为 $a_s=a_w$，b_s 为对角压杆宽度，为墙体厚度 b[113]。a_w 为墙体受力分析得到的受压区高度，也可按 Pauly 建议的近似公式估算[22]：

$$a_w = \left[0.25 + 0.85 \frac{N}{A_w f_c'} \right] l_w \tag{6-7}$$

式中，N 为墙体所受轴力，A_w 为墙体截面积。

6.2.1.2　力平衡方程

水平剪力由对角、水平和垂直传力机制共同抵抗[113]：

$$V_{wh} = -D\cos\theta + F_h + F_v\cot\theta \tag{6-8a}$$

$$V_{wv} = -D\sin\theta + F_h\tan\theta + F_v \tag{6-8b}$$

其中，D 为对角压杆压力；F_h 为水平拉杆拉力；F_v 为垂直拉杆拉力；均以拉力为正。

水平剪力在三个抗剪机制中的分配比例为[113]：

$$-D\cos\theta : F_h : F_v\cot\theta = R_d : R_h : R_v \tag{6-9}$$

其中，R_d、R_h、R_v 分别为斜向、水平和垂直传力机制传递的水平剪力的比值[113]：

$$R_d = \frac{(1-\gamma_h)(1-\gamma_v)}{1-\gamma_h\gamma_v} \tag{6-10a}$$

$$R_h = \frac{\gamma_h(1-\gamma_v)}{1-\gamma_h\gamma_v} \tag{6-10b}$$

$$R_v = \frac{\gamma_v(1-\gamma_h)}{1-\gamma_h\gamma_v} \tag{6-10c}$$

式中，γ_h 为垂直机制不参与受力时，如图 6.3(g) 所示，水平拉杆分配的水平剪力比例；γ_v 为水平机制不参与受力时，如图 6.3(h) 所示，垂直拉杆分配的水平剪力比例[113]：

$$\gamma_h = \frac{2\tan\theta-1}{3}, \qquad 0 \leqslant \gamma_h \leqslant 1 \tag{6-11a}$$

$$\gamma_v = \frac{2\cot\theta-1}{3}, \qquad 0 \leqslant \gamma_v \leqslant 1 \tag{6-11b}$$

软化拉压杆模型的破坏准则为对角压杆、陡压杆、水平压杆在节点上的合力达到混凝土的抗压强度。三个压杆在节点区产生的最大压应力为[113]：

$$\sigma_{dmax} = \frac{1}{A_{str}} \left\{ D - \frac{\cos\left(\theta - \tan^{-1}\left(\frac{H}{2l_h}\right)\right)}{\cos\left(\tan^{-1}\left(\frac{H}{2l_h}\right)\right)} F_h - \frac{\cos\left(\tan^{-1}\left(\frac{2H}{l_h}\right) - \theta\right)}{\sin\left(\tan^{-1}\left(\frac{2H}{l_h}\right)\right)} F_v \right\} \tag{6-12}$$

6.2.1.3　物理方程

钢筋混凝土板开裂后，斜裂缝间混凝土抗压强度存在软化现象。Zhang 和 Hsu 建议了混凝土软化应力-应变关系，表达式如下[120]：

$$\sigma_d = -\zeta f_c' \left[2\left(\frac{-\varepsilon_d}{\zeta\varepsilon_0}\right) - \left(\frac{-\varepsilon_d}{\zeta\varepsilon_0}\right)^2 \right] \quad 当\frac{-\varepsilon_d}{\zeta\varepsilon_0} \leqslant 1 \tag{6-13}$$

$$\zeta = \frac{5.8}{\sqrt{f_c'}}\frac{1}{\sqrt{1+400\varepsilon_r}} \leqslant \frac{0.9}{\sqrt{1+400\varepsilon_r}} \tag{6-14}$$

式中，ζ 为混凝土的软化系数；f_c' 为混凝土圆柱体抗压强度，单位 MPa；ε_d 和 ε_r 为 d-和 r-方向的平均主应变，拉应变为正；ε_0 为混凝土圆柱体试件应力达到 f_c' 时的应变[120]，按 (6-15) 确定：

$$\varepsilon_0 = 0.002 + 0.001\left(\frac{f_c'}{80}\right) \quad 20 \leqslant f_c' \leqslant 100\text{MPa} \tag{6-15}$$

当 $\sigma_{dmax} = -\zeta f_c'$ 时，剪力墙达到最大承载力。

假定钢筋力学本构为弹塑性，其物理方程为：

$$f_s = E_s\varepsilon_s \quad \varepsilon_s < \varepsilon_y \tag{6-16a}$$

$$f_s = E_s\varepsilon_y \quad \varepsilon_s \geqslant \varepsilon_y \tag{6-16b}$$

墙体水平应变 ε_h 和竖向应变 ε_v 可由拉杆拉力求得[113]，水平拉杆和竖向拉杆的屈服力为：

$$F_h = A_{sh}E_s\varepsilon_h \leqslant F_{yh} \tag{6-17a}$$

$$F_v = A_{sv}E_s\varepsilon_v \leqslant F_{yv} \tag{6-17b}$$

式中，F_{yh} 和 F_{yv} 分别为水平拉杆和竖向拉杆的屈服力；ε_h 和 ε_v 的上限分别设定为水平和竖向分布钢筋的屈服应变 ε_{yh} 和 ε_{yv}；如果没有配置水平或竖向钢筋，则设定 ε_h 或 ε_v 的上限值为 0.002。

6.2.1.4　变形协调方程

剪力墙开裂后整个墙体的平均应变满足变形协调条件[121]。墙体水平应变 ε_h、竖向应变 ε_v、主轴压应变 ε_d 和主轴拉应变 ε_r 满足下式：

$$\varepsilon_d + \varepsilon_r = \varepsilon_h + \varepsilon_v \tag{6-18}$$

6.2.1.5　求解流程

软化拉压杆模型计算剪力墙受剪承载力的求解过程可分为三部分[113]。第一部分依照平衡方程，计算初始 V_{wh} 在节点区产生的 σ_{dmax}；第二部分依照物理方程，假设 σ_{dmax} 造成破坏，得到假设的软化系数 $\zeta = -\sigma_{dmax}/f_c'$，并利用其他物理方程，计算压杆和拉杆的平均应变；第三部分依据变形协调方程，得到主轴拉应变 ε_r，根据软化理论可计算得到新的 ζ。若新的 ζ 与假设得到的 ζ 能够闭合，则初始 V_{wh} 即为剪力墙的受剪承载力，否则选择 $V_{wh} = V_{wh} + \Delta V_{wh}$ 再进行迭代计算。

6.2.2　用于混凝土界面承载力计算的软化拉压杆模型

对图 6.4 所示混凝土界面直剪受力情况，一般发生界面斜裂缝间混凝土压溃破坏[122]。Hwang 等人[116]采用软化拉压杆模型给出了计算混凝土界面直剪承载力的方法。由于平行于剪切面的钢筋对剪切强度基本没有影响，仅垂直于剪切面的钢筋发挥作用[123]，因此模型不包括水平传力机制，只有对角和垂直传力机制[116]，如图 6.5 所示。

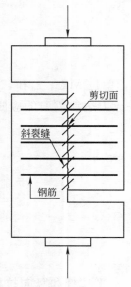

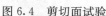

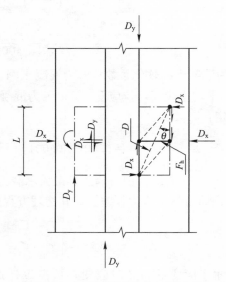

图 6.4　剪切面试验　　　　　　　　　　　　图 6.5　剪切面的软化拉压杆模型

6.2.2.1　传力机制

剪切面上斜压杆的竖向和水平分量的关系为[116]

$$\frac{V_{iv}}{V_{ih}}=\frac{\tan\alpha}{2}=\tan\theta \tag{6-19}$$

对角压杆的有效截面积 A_{str} 的确定方法与剪力墙相同。主压应力倾角 α 取为初始斜裂缝的倾角。

6.2.2.2　平衡方程

剪切面上的平衡方程与剪力墙软化拉压杆模型相同。由于剪切面不包括水平传力机制，$\gamma_h=0$[116]。剪切面的软化拉压杆模型的破坏准则为对角压杆、陡压杆在节点上的合力达到混凝土的抗压强度。压杆在节点区的最大压应力为[116]

$$\sigma_{dmax}=\frac{1}{A_{str}}\left\{D\cos(\alpha-\theta)-\frac{F_v}{\sin\alpha}\right\} \tag{6-20}$$

剪切面的软化拉压杆模型的物理方程和变形协调方程与剪力墙的软化拉压杆模型相同。

6.2.3　软化拉压杆模型简算法

为了方便工程师应用，Hwang 等人[125]将软化拉压杆模型进行简化，减少参数数目，得到该模型的简算法。简算法的计算结果与理论算法非常接近，且偏于保守[125]。针对剪力墙受剪承载力计算的简算法描述如下。

在软化拉压杆模型中，拉压杆桁架承担的斜向压力 C_d（图 6.3(b)）为

$$C_d=-D+\frac{F_h}{\cos\theta}+\frac{F_v}{\sin\theta} \tag{6-21}$$

若没有配置水平和竖向分布筋，剪力墙仅靠对角混凝土压杆传递压力，承担水平剪

力，如图 6.3(c)，(f)所示；如果剪力墙中有水平和竖向钢筋，其组成的拉杆可支持次压杆的发展，则更多混凝土参与承压，压应力流分散，如图 6.3(d)，(g)和图 6.3(e)，(h)所示，从而提高墙体受剪承载力。水平和竖向钢筋对抗剪的有利作用可用拉压杆指标 K 来表示[125]：

$$
\begin{aligned}
K &= \frac{C_\mathrm{d}}{-\sigma_{\mathrm{d,max}} \times A_{\mathrm{str}}} \\
&= \frac{C_\mathrm{d}}{\zeta f_\mathrm{c}' A_{\mathrm{str}}} \\
&= \frac{-D + \dfrac{F_\mathrm{h}}{\cos\theta} + \dfrac{F_\mathrm{v}}{\sin\theta}}{-D + \dfrac{F_\mathrm{h}}{\cos\theta}\left(1 - \dfrac{\sin^2\theta}{2}\right) + \dfrac{F_\mathrm{v}}{\sin\theta}\left(1 - \dfrac{\cos^2\theta}{2}\right)} \geqslant 1
\end{aligned}
\tag{6-22}
$$

软化拉压杆模型有三个传力机制抵抗斜向压力 C_d，依据钢筋配置的不同，有四种组合模式：对角传力机制、对角加水平传力机制、对角加竖向传力机制和完全传力机制。各组合模式的拉压杆指标 K 不同。

如果剪力墙中没有配置分布钢筋，由式(6-22)可得[125]，

$$
K = -D/-D = 1 \tag{6-23}
$$

当剪力墙中仅配置水平钢筋，如图 6.3(g)所示，并且混凝土压杆破坏时水平拉杆保持弹性时，弹性水平拉杆指标 $\overline{K_\mathrm{h}}$[125]

$$
\overline{K_\mathrm{h}} = \frac{(1-\gamma_\mathrm{h}) + \gamma_\mathrm{h}}{(1-\gamma_\mathrm{h}) + \gamma_\mathrm{h}\left(1 - \dfrac{\sin^2\theta}{2}\right)} \geqslant 1 \tag{6-24}
$$

式(6-24)可以简化为

$$
\overline{K_\mathrm{h}} = \frac{1}{1 - 0.2(\gamma_\mathrm{h} + \gamma_\mathrm{h}^2)} \tag{6-25}
$$

记 $\overline{F_\mathrm{h}}$ 为水平拉杆的平衡拉力值，表示当拉杆屈服的时候，混凝土压杆同时达到抗压强度的平衡拉杆力[125]，其值按下式确定

$$
\overline{F_\mathrm{h}} = \gamma_\mathrm{h}(\overline{K_\mathrm{h}}\zeta f_\mathrm{c}' A_{\mathrm{str}}) \times \cos\theta \tag{6-26}
$$

当水平钢筋提供的拉力小于平衡拉力值时，水平拉杆指标 K_h 根据水平钢筋的屈服力采用内插法得到[125]

$$
K_\mathrm{h} = 1 + (\overline{K_\mathrm{h}} - 1)\frac{F_{\mathrm{yh}}}{\overline{F_\mathrm{h}}} \leqslant \overline{K_\mathrm{h}} \tag{6-27}
$$

仅配置竖向钢筋情况下，$\overline{K_\mathrm{v}}$、$\overline{F_\mathrm{v}}$ 和 K_v 的计算同式(6-25～6-27)，把下标 h 换为 v 即可(图 6.3(h))[125]。

当墙体承受竖向荷载 N 作用时，要使垂直拉杆屈服，需克服竖向荷载，式(6-27)修正如下：

$$
K_\mathrm{v} = 1 + (\overline{K_\mathrm{v}} - 1)\frac{F_{\mathrm{yv}} + \beta N}{\overline{F_\mathrm{v}}} \leqslant \overline{K_\mathrm{v}} \tag{6-28}
$$

其中，β 为竖向荷载参与系数，对钢筋混凝土剪力墙，涂耀贤[124]建议值为 0.75。

如果墙体同时配置水平和竖向钢筋，并且压杆破坏时，水平和竖向钢筋没有屈服，则

弹性拉压杆指标 $\overline{K}$（图 6.3(b)）为[125]

$$\overline{K}=\frac{R_d+R_h+R_v}{R_d+R_h\left(1-\dfrac{\sin^2\theta}{2}\right)+R_v\left(1-\dfrac{\cos^2\theta}{2}\right)} \qquad (6\text{-}29)$$

为了简化计算，Hwang 等人[125]建议 $\overline{K}$ 可以采用

$$\overline{K}=\overline{K}_d+(\overline{K}_h-1)+(\overline{K}_v-1)=\overline{K}_h+\overline{K}_v-1 \qquad (6\text{-}30)$$

同样　　　　　$K=K_d+(K_h-1)+(K_v-1)=K_h+K_v-1 \qquad (6\text{-}31)$

文献［125］指出与式(6-29)相比，采用式(6-30)的计算误差非常小。

采用简化方法计算混凝土软化系数时，水平和垂直方向应变 ε_h 和 ε_v 取为 0.002，混凝土压应变 ε_d 取为 0.001，得到软化系数的简化公式[125]

$$\zeta=\frac{3.35}{\sqrt{f'_c}}\leqslant 0.52 \qquad (6\text{-}32)$$

剪力墙的极限承载力为

$$V_u=C\cos\theta=K\zeta f'_c A_{str}\cos\theta \qquad (6\text{-}33)$$

6.3　拉压杆-滑移模型

6.3.1　拉压杆-滑移模型

CTSRC 剪力墙在水平荷载作用下，竖向裂缝处短细斜裂缝把混凝土分割成许多小的斜向短柱（图 6.6），在峰值荷载时竖向裂缝两侧混凝土发生滑移，斜向短柱在斜压力作用下，表面混凝土突起、掉渣、压溃破坏（图 6.7）。基于这种受力特点，本书将钢筋混凝土剪力墙的软化拉压杆模型与混凝土界面直剪受力的软化拉压杆模型相结合，建立了反映 CTSRC 剪力墙受力机理的分析模型，该模型考虑竖向裂缝处短细斜裂缝间混凝土破坏引起的竖向裂缝两侧墙柱的滑移现象，称为"拉压杆-滑移模型"，用于计算高宽比小于 2 的 CTSRC 剪力墙的受剪承载力。

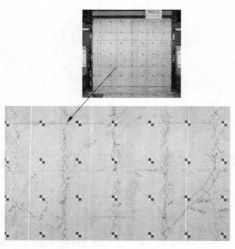

图 6.6　竖向裂缝处的斜向小柱

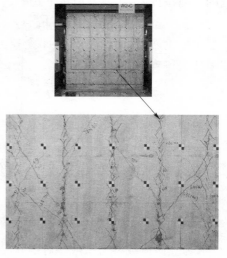

图 6.7　竖向裂缝处斜向小柱混凝土破坏

拉压杆-滑移模型的传力机制如图 6.8 所示,其整体受力模型为前述软化拉压杆模型;由于墙板中竖向裂缝处短细斜裂缝间混凝土会发生受压破坏(图 6.8(a)),故将对角压杆简化为图 6.8(b)带剪切滑移界面的混凝土压杆。斜压杆压力 D 在水平和竖向分力分别为 D_x、D_y,平行于冷弯薄壁型钢的分力 D_y 引起滑移面的剪切破坏。

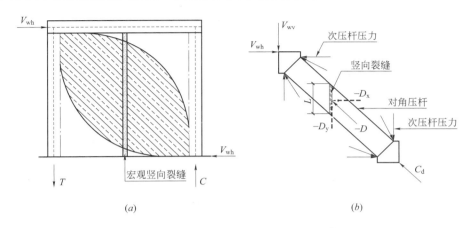

图 6.8 CTSRC 剪力墙的拉压杆-滑移模型

(a)CTSRC 剪力墙应力场;(b)混凝土压杆

采用拉压杆-滑移模型计算 CTSRC 剪力墙的受剪承载力分为两步:

(1)由软化拉压杆模型计算整截面墙混凝土对角压杆的压力和截面积,确定竖向裂缝处剪切面面积和受力;

(2)采用软化拉压杆模型计算竖向裂缝处剪切面的受剪承载力,并据此确定墙体的受剪承载力。

在计算竖向裂缝处剪切面的受剪承载力时,水平拉杆拉力(平行于滑移面)为 0,软化拉压杆模型只包括对角和垂直传力机制。垂直拉杆拉力由剪切面范围内的墙体的水平分布钢筋提供。根据试验观察结果,竖向裂缝处的短细斜裂缝倾角与墙体斜裂缝倾角基本相同,因此假定剪切面斜裂缝方向与整截面墙混凝土压杆方向相同。

冷弯薄壁型钢腹板钢材将竖向裂缝处的混凝土分隔开,因此计算竖向裂缝处剪切面的受剪承载力时,受力面积为冷弯薄壁型钢腹板孔洞处混凝土和保护层混凝土两部分之和。

冷弯薄壁型钢腹板钢材与混凝土的接触面会产生摩擦力。根据表面锈蚀程度不同,钢板与混凝土间的摩擦系数为 0.20～0.60,其中无锈钢材表面与混凝土的摩擦系数约为 0.20～0.25[126],本书试验中采用的冷弯薄壁型钢表面镀锌,摩擦系数取为 0.2。

如果冷弯薄壁型钢对墙体截面的削弱较小,或者墙体剪跨比、水平分布钢筋配筋率等发生变化,峰值荷载时 CTSRC 剪力墙竖向裂缝处混凝土可能不发生破坏,而是发生了整截面墙的受剪破坏,采用软化拉压杆模型计算的整截面墙的受剪承载力会小于拉压杆-滑移模型的计算结果,此时取较小的计算结果作为 CTSRC 剪力墙的受剪承载力。

采用拉压杆-滑移模型计算 CTSRC 剪力墙受剪承载力的流程如图 6.9 所示，具体为：

(1) 设定计算起始值 V_1，采用软化拉压杆模型计算整截面墙混凝土压杆面积和压力 D；

(2) 计算压杆压力 D 在剪切面上的水平和竖向分力 D_x 和 D_y（图 6.8）；

(3) 按照软化拉压杆模型验算剪切面是否达到受剪承载力，如果剪切面没有达到受剪承载力，则 $V_1 = V_1 + \Delta V_1$，转到步骤(1)继续计算，否则输出结果；

(4) 计算剪切面上型钢腹板与混凝土间的摩擦力，得到克服摩擦力所需的墙体水平作用力 V_2；

(5) 计算 CTSRC 剪力墙沿竖向裂缝发生滑移时的受剪承载力 V_{wh2}；

(6) 计算无竖向滑移面的整截面墙的受剪承载力 V_{wh1}；

(7) 取步骤(5)和(6)的较小值作为 CTSRC 剪力墙受剪承载力计算值。

为了说明拉压杆-滑移模型的计算流程，采用简算法计算本书第 4 章试件 W1 的受剪承载力，计算过程见附录。

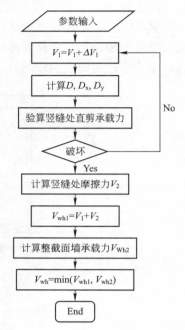

图 6.9　拉压杆-滑移模型计算流程

6.3.2　拉压杆-滑移模型的验证

采用拉压杆-滑移模型计算 CTSRC 剪力墙的受剪承载力的结果见表 6.2。图 6.10 为试验值和计算值的比较。由表 6.2 和图 6.10 可知，试件的极限承载力试验值与计算值之比的平均值为 1.068，标准差为 0.083，计算结果大大优于式(6-4)，说明拉压杆-滑移模型能够较为精确的评估 CTSRC 剪力墙的受剪承载力。除 W2-W0R1 外，其余墙体的承载力试验值都大于计算值，表明采用拉压杆-滑移模型计算配有水平分布钢筋的 CTSRC 剪力墙的承载力偏于保守。

承载力计算结果　　　　　　　　　　　　　　　　　表 6.2

序号	试件编号	承载力试验值(kN)	承载力计算值(kN)	试验值/计算值	
1	W2-W0R1	279	336	0.829	
2	W1	1025	1018	1.007	
3	W2-C	915	758	1.208	
4	W3-L1	687	656	1.047	
5	W4-L2	580	563	1.031	
6	W5-N	936	922	1.016	平均值：1.068
7	W6-H	885	761	1.164	标准差：0.083
8	W7-R	1049	1023	1.025	
9	W8-V	847	699	1.212	
10	W10-M	1254	1078	1.163	
11	W11-A	1185	1129	1.049	

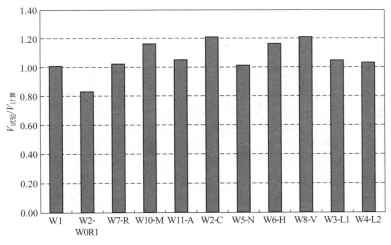

图 6.10　试验值与计算值比较

6.4　承载力退化

CTSRC 剪力墙受剪承载力的退化远大于受弯承载力。图 6.11 为两个 CTSRC 剪力墙的水平力-位移滞回曲线。W03 的高宽比为 2.15，试验轴压比 0.219[128]，发生弯曲破坏；W4-L2 为本书第 5 章的试件，发生延性剪切破坏，可见 W4-L2 的承载力退化远大于 W03。

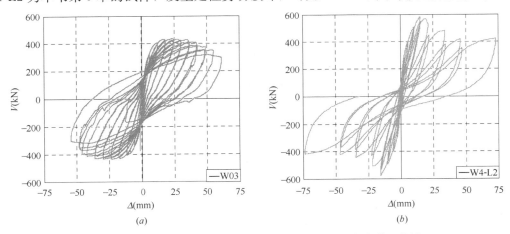

图 6.11　不同破坏模式的 CTSRC 剪力墙水平力-位移滞回曲线
(a) W03；(b) W4-L2

Cevdet 等人[112][129]研究了文献中的钢筋混凝土低矮剪力墙受剪承载力的退化规律，表明剪力墙的受剪承载力在峰值荷载以及峰值荷载后承载力退化比较大，如图 6.12 所示。图中 V_{peak} 为峰值荷载，V_{peak2} 和 V_{peak3} 分别为峰值荷载后的第二和第三循环、位移与 V_{peak} 的位移相等时的承载力。可见随着剪跨比增大，承载力退化程度减小；第三循环的承载力退化大于第二循环。

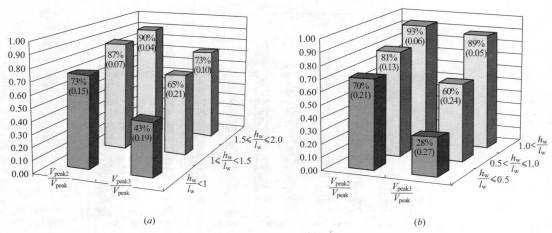

(a) (b)

图 6.12 钢筋混凝土剪力墙受剪承载力退化规律[112][129]

(a) 矩形截面;(b) 工字形截面

CTSRC 剪力墙竖向裂缝处混凝土在反复荷载作用下强度劣化导致墙体承载力降低。图 6.13 为 CTSRC 剪力墙的受剪承载力退化规律。V_{peak2}/V_{peak} 与 V_{peak3}/V_{peak} 的平均值分别为 0.830 和 0.777,变异系数分别为 0.088 和 0.133。对比图 6.13 和图 6.12(a)可知,虽然 CTSRC 剪力墙避免了脆性剪切破坏,但是受剪承载力退化规律与钢筋混凝土剪力墙基本相同。

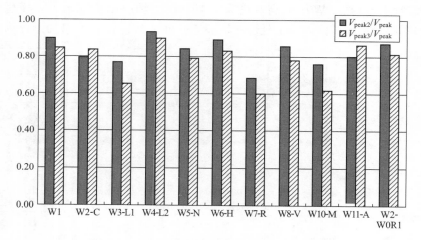

图 6.13 CTSRC 剪力墙的受剪承载力退化规律

6.5 CTSRC 剪力墙设计原则

试验研究表明,CTSRC 剪力墙可实现延性剪切破坏,其损伤部位主要分布在竖向裂缝区域,范围大而分散,避免了墙体底部集中耗能的不利状况,竖向裂缝以外的混凝土基本完好,墙柱和边缘构件混凝土基本保持完整,有利于保持结构的竖向承载力,提高结构抗倒塌能力;从地震后修复方面来看,损伤破坏主要在竖向裂缝部位而不是在墙体底部,修复和加固相对容易[127]；较多的边缘纵筋可以减小墙体水平裂缝的开展，提高正常使用阶段刚度，在弹塑性阶段增大墙体混凝土受压区面积，提供更大的销栓力，控制墙体的滑移变形。

根据峰值荷载时纵筋屈服与否，受力过程中出现竖向裂缝的 CTSRC 剪力墙延性剪切破坏分为两种情况。按照强弯弱剪设计 CTSRC 剪力墙虽然具有良好的延性和耗能能力，但是承载力退化程度与钢筋混凝土剪力墙基本相同，承载力稳定性较差。而弯曲后剪切破坏的 CTSRC 剪力墙在极限承载力时纵筋屈服，承载力在一定位移范围内保持稳定；随后墙体演变为分缝剪力墙，避免了墙底部出现塑性铰，提高了抗倒塌和抗滑移能力。因此设计 CTSRC 剪力墙时建议采用强剪弱弯的设计原则，以弯曲后剪切破坏为目标破坏模式，可使 CTSRC 剪力墙的受力性能具有以下优点：

（1）墙体的极限承载力比较高，正常使用阶段刚度较大；

（2）墙体的极限承载力由受弯承载力控制，承载力比较稳定；

（3）墙体避免了脆性剪切破坏，破坏模式易于控制；

（4）墙体峰值荷载后的变形过程有两个阶段，开始时主要是纵筋屈服引起的弯曲变形，随后随着竖向裂缝处混凝土的劣化，墙体变形主要依靠分缝墙工作机制实现，损伤分散在竖向裂缝区域，可避免墙趾混凝土压溃，不需要像传统剪力墙通过加强边缘构件来提高变形能力；

（5）墙体材料利用率高，可充分利用水平钢筋、纵向钢筋和混凝土。

6.6 本章小结

（1）CTSRC 剪力墙的破坏过程、破坏模式和受力机理与普通钢筋混凝土剪力墙明显不同，现有的分析模型不能合理地分析 CTSRC 剪力墙的受剪承载力。本章基于软化拉压杆模型，提出适用于高宽比小于 2 的 CTSRC 剪力墙受剪承载力的拉压杆-滑移理论计算模型和计算流程。该模型能够反映 CTSRC 剪力墙的受力机理，计算结果和试验结果吻合良好。

（2）CTSRC 剪力墙可以避免脆性剪切破坏，其破坏模式有延性剪切破坏和弯曲破坏。

（3）CTSRC 剪力墙受剪承载力退化规律与普通剪力墙基本相同，受剪承载力稳定性较差。

（4）设计 CTSRC 剪力墙时可以采用强剪弱弯的设计原则，以弯曲后的分缝墙剪切破坏为目标破坏模式，使墙体具有稳定的极限承载力，同时避免墙体底部出现集中损伤破坏。

第7章　CTSRC 剪力墙恢复力模型

在结构地震动力分析时，构件的恢复力模型是基础。CTSRC 剪力墙可避免脆性剪切破坏，具有良好的延性和变形能力，其承载力-位移恢复力模型的研究具有重要意义。

恢复力模型是根据试验获得的恢复力与变形关系曲线经适当简化得到的实用数学模型。确定恢复力模型的方法主要有：试验拟合法、系统识别法和理论计算法等[131]。恢复力模型包括骨架曲线和滞回规则，骨架曲线反映结构构件开裂、屈服、峰值荷载、破坏等关键点的特征，滞回规则反映结构构件的承载力退化和刚度退化等特征。

本章根据试验结果，提出了 CTSRC 剪力墙的水平力-位移三折线骨架线模型，并采用 Lu-Qu 模型给出了 CTSRC 剪力墙的滞回规则。

7.1　骨架曲线的确定

7.1.1　钢筋混凝土剪力墙骨架曲线

Benjamin 等人在试验基础上提出了剪力墙受剪承载力-位移双线性曲线[26]，其开裂点和峰值点的荷载和位移如下：

$$V_{cr} = 0.1 f_c' A_w \tag{7-1a}$$

$$\delta_{cr} = V_{cr} \left(\frac{H}{A_w G} + \frac{H^3}{3 E_c I_g} \right) \tag{7-1b}$$

$$V_u = \frac{0.1}{\dfrac{V_s}{C_c} + 0.1} C_c + 2.2 V_s \tag{7-1c}$$

$$\delta_u = 24 \frac{H^2}{l_w^2} \delta_{cr} \tag{7-1d}$$

$$C_c = A_s f_c' \left[15 + 1.9 \left(\frac{l_w}{H} \right)^2 \right] \tag{7-1e}$$

$$V_s = f_y \rho t_w l_w \tag{7-1f}$$

式中，V_{cr} 为墙体开裂荷载；δ_{cr} 为开裂变形；V_u 为极限承载力；δ_u 为极限承载力对应位移；f_c' 为混凝土圆柱体抗压强度（MPa）；f_y 是墙体分布筋的屈服强度；A_w 为墙体截面积；H 为墙体高度；l_w 为墙体截面高度；t_w 为墙体截面厚度；ρ 是分布钢筋配筋率；A_s 是受压边柱的钢筋面积；E_c 和 G 分别为混凝土弹性模量和剪切模量。

Yamada 等人通过低矮剪力墙的试验研究，建议了与 Benjamin 等人研究结果相似的双线型荷载-位移骨架线，其开裂点按下式确定[132]：

$$V_{cr} = 0.1 f_c' t_w l_n \tag{7-2a}$$

$$R_{cr} = 0.1 f_c' / G \tag{7-2b}$$

其中，l_n 为剪力墙边柱内面间的距离（mm）；R_{cr} 为开裂点的层间位移角；G 为混凝土剪切模量（MPa）。

墙体开裂后，假设为宽度为 a_s 的等效对角混凝土斜压杆，与水平轴的夹角为 θ，水平剪力通过斜压杆传递到基础，当混凝土压杆达到极限强度时墙体达到受剪承载力。将墙体分布钢筋和边缘构件换算成等效压杆面积，得到受剪承载力计算公式如下：

$$V_u = a_s t_w f_c' \cos\theta \tag{7-2c}$$

$$\frac{\delta_u}{H} = \frac{f_c'}{E_c \cos\theta \sin\theta} \tag{7-2d}$$

$$a_s = l_n(0.2 + \beta_r + \beta_f)/\cos\theta \tag{7-2e}$$

$$A_{str} = t_w a_s \tag{7-2f}$$

$$\theta = \tan^{-1}(H_n/l_n) \tag{7-2g}$$

$$\beta_r = 2\rho_h \sin\theta \cos\theta f_y/f_c' \tag{7-2h}$$

$$\beta_f = V_{fy}/t_w l_n f_c' \tag{7-2i}$$

其中，A_{str} 为等效混凝土压杆面积；H_n 为墙体净高；l_n 为边柱内侧距离；β_r 为墙体分布钢筋对 a_s 的影响；β_f 为边柱屈服强度对 a_s 的影响；V_{fy} 为边柱纵筋屈服时承担的剪力。

国内学者确定钢筋混凝土剪力墙骨架线时，一般是根据试验结果，采用统计方法确定各关键点的荷载和位移，弯曲破坏的剪力墙采用包含承载力退化段的三折线模型[133]，剪切破坏的剪力墙采用无承载力退化段的三折线模型[134]。

7.1.2 CTSRC 剪力墙骨架曲线模型

CTSRC 剪力墙的破坏过程和破坏特征与传统剪力墙不同：在水平荷载作用下 CTSRC 剪力墙首先沿冷弯薄壁型钢出现竖向裂缝，峰值荷载时竖向裂缝两侧墙柱发生滑移，峰值荷载后演变为分缝剪力墙。

CTSRC 剪力墙的受剪破坏过程分四个阶段，如图 7.1 所示。

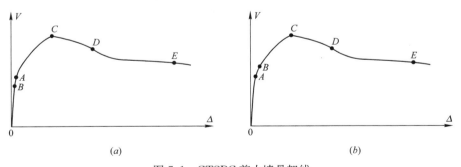

图 7.1 CTSRC 剪力墙骨架线
(a)剪跨比 1.0；(b)剪跨比 2.0

（1）弹性阶段 0-A。A 点为 CTSRC 剪力墙斜裂缝出现点，B 点为竖向裂缝出现点。墙体斜裂缝和竖向裂缝出现的先后次序与剪跨比、型钢截面特点等有关。在试验中，剪跨比 1.0 的墙体斜裂缝出现在竖向裂缝之后，如图 7.1(a)所示，0-A 段分为 0-B 和 B-A 两段；剪跨比 2.0 的墙体斜裂缝出现在竖向裂缝之前，如图 7.1(b)所示。CTSRC 剪力墙竖向裂缝出现对刚度影响非常小，斜裂缝出现时对刚度影响较大，因此假定 0-A 段墙体处于弹性。

（2）弹塑性阶段 *A-C*。该阶段竖向裂缝两侧墙柱的相对变形非常小，剪力墙受力性能与整截面墙相似，竖向裂缝的发展避免了墙体脆性剪切破坏。在 *C* 点竖向裂缝两侧墙柱相对变形突然增大，墙体达到极限承载力。

（3）竖向裂缝处混凝土破坏、退出工作阶段 *C-D*。进入该阶段后，竖向裂缝处的混凝土不断脱落，两侧墙柱的相对变形逐渐变大，墙体由整截面墙逐渐演变为分缝剪力墙，墙柱上下端局部斜裂缝逐渐开展；在 *D* 点，竖向裂缝处保护层混凝土退出工作，墙柱的高宽比达到最大值。

（4）延性承载阶段 *D-E*。CTSRC 剪力墙在峰值荷载后出现一个延性承载阶段；在延性承载阶段，竖向裂缝处混凝土保护层剥落，墙柱绕局部斜裂缝交点转动。由试验观察可知，水平分布钢筋配筋率相同的墙体，墙体位移角达到 1/40 时受剪承载力 $V/f_c bh_0$ 基本相同，因此将延性承载阶段终点 *E* 的变形定为 $\Delta_u = 1/40 H_w$，H_w 是墙体高度。高宽比为 1.5

和 2.0 的 CTSRC 剪力墙，延性承载阶段比较明显；高宽比为 1.0 的墙体从峰值点 *C* 点到 *E* 点的承载力下降速率基本相同，*D* 点和 *E* 点重合。

根据 CTSRC 剪力墙受剪破坏过程的特点，将其水平力-位移骨架曲线简化为如图 7.2 所示的三折线模型。

CTSRC 剪力墙出现斜裂缝时刚度明显减小，因此将斜裂缝出现点定为屈服点 *Y*，骨架曲线第一段简化为连接原点和屈服点的直线 0*Y*，刚度为 $k_e = V_{cr}/\Delta_{cr}$，V_{cr} 和 Δ_{cr} 分别为斜裂缝出现荷载和变形。

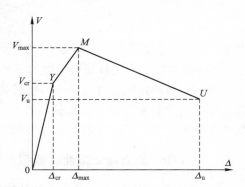

图 7.2　CTSRC 剪力墙骨架线三折线模型

CTSRC 剪力墙骨架曲线的强化段简化为连接屈服点 *Y* 和峰值点 *M* 的直线 *YM*，斜率 $k_m = (V_{max} - V_{cr})/(\Delta_{max} - \Delta_{cr})$，$V_{max}$ 和 Δ_{max} 分别为峰值荷载和变形。

峰值荷载后，骨架曲线进入强度退化段，简化为连接峰值荷载点 *M* 和极限点 *U* 的直线 *MU*，将延性承载阶段终点定义为极限点。骨架线强度退化段的斜率为 $k_u = (V_u - V_{max})/(\Delta_u - \Delta_{max})$，$V_u$ 和 Δ_u 分别为极限点的荷载和变形，$\Delta_u = 1/40 H_w$。

CTSRC 剪力墙骨架曲线模型中有三个关键点，分别是墙体斜裂缝出现点 *Y*、峰值荷载点 *M* 和延性承载阶段终点 *U*。确定了 3 个关键点的荷载和变形，就可以确定墙体的骨架曲线。

7.1.3　屈服点荷载和变形

7.1.3.1　荷载

CTSRC 剪力墙在峰值荷载前竖向裂缝两侧混凝土的相对变形非常小，墙体受力性能与整截面墙相似，认为斜裂缝出现时 CTSRC 剪力墙的性能与钢筋混凝土剪力墙基本相同。剪力墙斜裂缝出现荷载与剪跨比、轴压比、混凝土强度等参数有关。美国 ACI318-08 在 11.9 节规定的剪力墙斜向开裂荷载计算公式考虑了上述参数[110]，本书用其计算 CTSRC 剪力墙的斜裂缝出现荷载。

墙体的受剪开裂有腹剪开裂和弯剪开裂两种形式，计算公式如下[110]：

$$V_c = 0.27\lambda\sqrt{f_c'}hd + \frac{N_u d}{4l_w} \tag{7-3a}$$

$$V_c = \left[0.05\lambda\sqrt{f_c'} + \frac{l_w\left(0.1\lambda\sqrt{f_c'} + \frac{0.2N_u}{l_w h}\right)}{\frac{M_u}{V_u} - \frac{l_w}{2}} \right]hd \tag{7-3b}$$

公式中各参数代表的意义见第 6 章。按照上述公式计算的斜裂缝出现荷载见表 7.1。

钢筋混凝土剪力墙的斜裂缝开裂荷载取(7.3a)和(7.3b)的较小值。在表 7.1 中，除了 W3-L1 和 W4-L2，其他墙体式(7.3a)的计算结果均小于式(7.3b)，意味着墙体首先出现腹剪裂缝，但是在试验中 CTSRC 剪力墙初始斜裂缝均为弯剪斜裂缝。这是由于竖向裂缝的出现和发展释放了墙体中部的拉应力，从而避免了腹剪裂缝的出现，因此出现竖向裂缝的 CTSRC 剪力墙斜裂缝开裂荷载依照式(7.3b)计算。

斜裂缝和竖向裂缝出现荷载计算结果　　　　　　　　　　　　　　　　　表 7.1

序号	试件编号	斜裂缝出现荷载(kN)			竖向裂缝出现荷载计算值(kN)
		试验值	计算值		
			式(7.3a)	式(7.3b)	
1	W1	558	621	753	448
2	W2-C	620	489	578	341
3	W3-L1	465	489	318	341
4	W4-L2	328	469	221	326
5	W5-N	775	627	808	383
6	W6-H	553	454	531	311
7	W7-R	706	628	763	424
8	W8-V	540	457	538	316
9	W10-M	698	647	791	463
10	W11-A	738	675	825	492
11	W2-W0R1	156	207	227	165

7.1.3.2　变形

剪力墙的变形包括弯曲变形、剪切变形和滑移变形。CTSRC 剪力墙边缘纵筋量比较多时，可忽略滑移变形的影响。

在斜向开裂点，计算弯曲变形 Δ_{fcr} 时将 CTSRC 剪力墙视为弹性悬臂构件，计算剪切变形 Δ_{fcr} 时假定墙体内剪应力均匀分布。

$$\Delta_{fcr} = \frac{H_w^3}{3(\alpha_f E_c I_g)}V_{cr} \tag{7-4a}$$

$$\Delta_{scr} = \frac{kH_w}{\alpha_s G_c A_g}V_{cr} \tag{7-4b}$$

$$\Delta_{cr} = \Delta_{scr} + \Delta_{fcr} \tag{7-4c}$$

式中，V_{cr} 和 Δ_{cr} 分别是墙体开裂荷载和变形；H_w 是墙体高度；I 和 A 分别为截面惯性矩和面积；E_c 和 G_c 分别为混凝土的弹性模量和剪切模量；k 是剪应变的截面形状系数，矩形截面为 1.2；α_f 和 α_s 分别是弯曲刚度和剪切刚度折减系数，根据 FEMA356 的建议，底部弯

曲裂缝出现后 $\alpha_f = 0.5$，斜裂缝出现时 $\alpha_s = 1$[135]。

各试件斜裂缝出现荷载和变形的计算值与试验值的对比见图 7.3，承载力计算值与试验值之比的平均值为 1.040，变异系数为 0.214；变形计算值与试验值之比的平均值为 0.942，变异系数为 0.245，表明上述方法具有比较好的准确度。

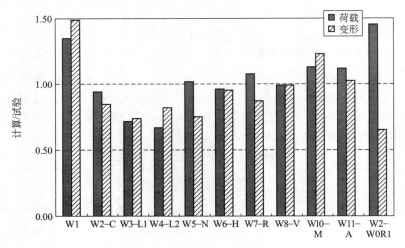

图 7.3　斜裂缝出现荷载和变形的计算值与试验值比较

7.1.4　峰值荷载和变形

7.1.4.1　荷载

CTSRC 剪力墙的峰值荷载依据拉压杆-滑移模型，按照本书第 6 章 6.3 节介绍的方法计算。

7.1.4.2　变形

在峰值点，CTSRC 剪力墙的变形 Δ_{max} 由弯曲变形 Δ_{fmax} 和剪切变形 Δ_{smax} 组成，

$$\Delta_{max} = \Delta_{fmax} + \Delta_{smax} \tag{7-5a}$$

计算挠曲变形 Δ_{fmax} 时，仍将墙体视为悬臂构件，按下式计算：

$$\Delta_{fmax} = \frac{H_w^3}{3(\alpha_f E_c I_g)} V_{max} \tag{7-5b}$$

式中，V_{max} 是墙体峰值荷载；α_f 为抗弯刚度折减系数，峰值荷载时墙体裂缝较为丰富，抗弯刚度折减系数进一步减少，依据 ACI318-08，对于已开裂的墙体，截面惯性矩折减为原始值的 0.35 倍，因此 α_f 取为 0.35[110]。

软化拉压杆模型能够模拟剪力墙斜裂缝出现后的受力行为[113]，CTSRC 剪力墙在峰值荷载前表现为整截面墙的受力特点，因此采用软化拉压杆模型计算峰值点的剪切变形 Δ_{smax}，其计算过程如下[136]：

假设整个墙体产生均匀的剪切应变，则剪切变形为

$$\Delta_{smax} = \gamma_{vh} H_w \tag{7-5c}$$

开裂后整个墙体范围内的平均应变满足变形协调条件[121]，

$$\varepsilon_r + \varepsilon_d = \varepsilon_h + \varepsilon_v \tag{7-5d}$$

在 h- 和 v- 坐标系统内（如图 6.3(b)），则有

$$\gamma_{vh} = 2(\varepsilon_r - \varepsilon_d)\sin\theta\cos\theta \tag{7-5e}$$

墙体水平应变由水平分布钢筋形成的拉杆拉应变求得，

$$\varepsilon_h = \frac{F_h}{A_{sh}E_s} \tag{7-5f}$$

墙体竖向应变由竖向分布钢筋形成的拉杆拉应变求得，在 CTSRC 剪力墙中，竖向钢筋为冷弯薄壁型钢；当墙体受到压力作用时，可抑制竖向变形，由参数 β 考虑轴力的作用，因此有

$$\varepsilon_v = \frac{F_v - \beta N}{A_{sv}E_s} \tag{7-5g}$$

当竖向应变计算值小于 0 时，取 $\varepsilon_v = 0^{[136]}$。

ε_d 为对角斜压杆应变值，由考虑软化效应的混凝土应力-应变关系求得。依据 Zhang 和 Hsu[120] 的建议，表达式如下：

$$\sigma_d = -\zeta f_c' \left[2\left(\frac{-\varepsilon_d}{\zeta\varepsilon_0}\right) - \left(\frac{-\varepsilon_d}{\zeta\varepsilon_0}\right)^2 \right] \quad 当 \frac{-\varepsilon_d}{\zeta\varepsilon_0} \leqslant 1 \tag{7-5h}$$

$$\zeta = \frac{5.8}{\sqrt{f_c'}} \frac{1}{\sqrt{1+400\varepsilon_r}} \leqslant \frac{0.9}{\sqrt{1+400\varepsilon_r}} \tag{7-5i}$$

其中，ζ 为混凝土的软化系数；ε_0 为混凝土圆柱体试件应力达到 f_c' 时的应变，按 (7-5j) 计算[120]。

$$\varepsilon_0 = 0.002 + 0.001\left(\frac{f_c'}{80}\right) \quad 20 \leqslant f_c' \leqslant 100\text{MPa} \tag{7-5j}$$

式中，ε_h 和 ε_v 是水平 h 和垂直 v 方向的平均应变；ε_r 和 ε_d 是 r 和 d 方向的平均主应变，拉应变为正；A_{sh} 和 A_{sv} 分别是墙体水平钢筋和竖向钢筋面积；θ 为相对于 h 轴的斜压杆倾斜角度；λ_{vh} 是 h-和 v-坐标系内的平均剪应变；N 是墙体所受轴力；β 为轴力对竖向钢筋应变影响系数，对 CTSRC 剪力墙取为 0.35。

CTSRC 剪力墙峰值荷载对应的变形计算值与试验值的比较如图 7.4 所示。变形计算值与试验值之比的平均值为 1.213，变异系数为 0.168，具有较好的精度。

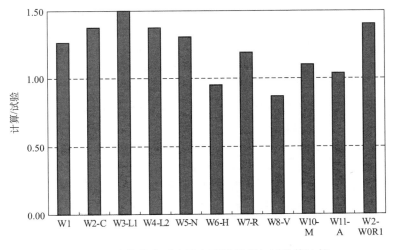

图 7.4 峰值荷载对应的变形计算值与试验值比较

7.1.5 延性承载阶段终点荷载和变形

根据试验结果，定义 CTSRC 剪力墙延性承载阶段终点变形为 $\Delta_u = 1/40H_w$。

在延性承载阶段，竖向裂缝将 CTSRC 剪力墙分隔为边柱和墙柱，墙柱绕着竖向裂缝上下端局部斜裂缝的交点转动，交点之外的墙体裂缝较少，与上端的加载梁和下端的基础梁一起形成刚域，如图 7.5(a) 所示，因此延性承载阶段终点的承载力按照分缝墙模型计算。墙柱的计算高度 h_w 取为局部斜裂缝交点间的距离，根据试验观察结果 $h_w = H - \lambda a_w$，H 为墙体净高，λ 和 a_w 分别为墙体高宽比和墙柱宽度；边柱计算高度为 $h_c = H$，如图 7.5 (b)。在延性承载阶段终点边柱纵筋已经屈服，局部斜裂缝交点处型钢也已经屈服。

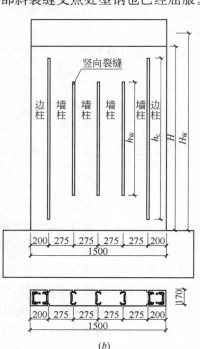

(a)   (b)

图 7.5 CTSRC 剪力墙分缝墙模型

(a)CTSRC 剪力墙延性承载阶段；(b)分缝墙模型

根据上述分析，在延性承载阶段终点，采用如下假定：

（1）竖向裂缝处的剪应力沿缝长均匀分布；

（2）局部斜裂缝交点之外的刚域的刚度无穷大，墙柱上下端为固定端；

（3）墙柱两侧的应力分布相同；

（4）墙柱和边柱都达到受弯承载力。

按照上述假定，墙柱和边柱的计算模型如图 7.6 所示，上下端承受的外力有弯矩、轴力和剪力，墙柱之间、墙柱和边柱之间的剪应力为 τ。由计算假定(2)，各墙柱、边柱的反弯点在柱高度的中点。墙柱和边柱的受剪承载力分别为[65][101]：

$$V_{wa} = (2M_w + \tau h_w t_w a_w)/h_w \tag{7-6a}$$

$$V_{col} = (4M_c + \tau h_c t_c a_c)/2h_c \tag{7-6b}$$

则 CTSRC 剪力墙的受剪承载力 V_u 为

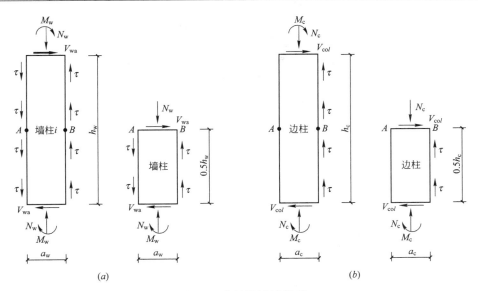

图 7.6 分缝墙计算模型

(a)墙柱计算模型；(b)边柱计算模型

$$V_u = 2V_{col} + nV_{wa} = 4M_c/h_c + 2nM_w/h_w \tau t_c a_c + n\tau t_w a_w \tag{7-6c}$$

式中，V_{wa} 和 V_{col} 分别为一个墙柱和边柱承担的剪力；M_w 和 M_c 分别为墙柱和边柱端部的弯矩；a_w 和 a_c 分别为墙柱和边柱的宽度；t_w 和 t_c 分别为墙柱和边柱的厚度；n 为墙柱的数目。在延性承载阶段终点，墙柱和边柱两端达到极限受弯承载力 M_{wmax} 和 M_{cmax}。

墙柱之间、墙柱和边柱之间的抗剪强度 τ 由两部分组成，一部分是由水平钢筋和混凝土形成的组合体的受剪承载力，一部分是冷弯薄壁型钢腹板钢材与混凝土接触面的摩擦力。竖向裂缝处的混凝土包括型钢保护层混凝土和型钢腹板孔洞处的混凝土，前者在延性承载阶段基本剥落，计算时不再考虑。冷弯薄壁型钢腹板钢材与混凝土接触面之间的摩擦力与接触面的粗糙度有关，在延性承载阶段混凝土与钢材的接触面在反复荷载作用下越来越光滑，忽略接触面的摩擦力。

叶列平等人在研究双功能带缝剪力墙时，对墙柱间的关键构件——钢筋混凝土连接键的受力性能进行了系统的研究[137][138]。双功能带缝剪力墙是在通缝墙的开缝部位设置连接键而形成的一种剪力墙。通过设置连接键，使剪力墙在正常使用下表现出整体墙的工作性能；在强震作用下，连接键受剪破坏退出工作，双功能墙自动转变为通缝墙。叶列平等人将双功能带缝剪力墙连接键的受力过程简化为图 7.7 所示的模型[137][138]，剪应力 τ-剪应变 γ 关系曲线有一段残余承载阶段，如图 7.7 中 C-D 段，在此阶段连接键中混凝土剥落，受剪作用不断

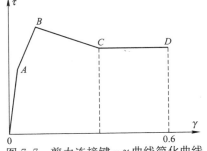

图 7.7 剪力连接键 τ-γ 曲线简化曲线

减弱，钢筋倾角越来越大，其竖直方向的力的分量逐步增加，从 C 点开始连接键承载力基本保持稳定并稍有回升，近似为水平段。

由双功能带缝剪力墙和连接键的破坏过程可以发现，其连接键的性能与 CTSRC 剪力

墙竖向裂缝处水平钢筋与混凝土组合体的性能非常相似。假定峰值荷载后 CTSRC 剪力墙竖向裂缝处的混凝土集中在水平钢筋位置，则水平钢筋与混凝土组合体的受力性能可以采用双功能带缝剪力墙连接键的受力性能，在延性承载阶段，水平钢筋与混凝土组合体的 τ-γ 关系采用图 7.7 中 C-D 段的 τ-γ 关系。

图 7.7 中，C 点的剪应力和剪应变的关系为[137][138]，

$$\gamma/\gamma_{max}=6 \tag{7-7a}$$

$$\tau=\frac{\gamma/\gamma_{max}}{0.17(\gamma/\gamma_{max}-1)^2+\gamma/\gamma_{max}}\tau_{max}=0.585\tau_{max} \tag{7-7b}$$

τ_{max} 和 γ_{max} 分别为剪力连接键峰值荷载时的剪应力和剪应变，

$$\tau_{max}=\left(0.139+0.897\frac{\rho f_y}{f_c}-0.753\left(\frac{\rho f_y}{f_c}\right)^2\right)f_c \tag{7-7c}$$

式中，ρ 为剪力连接键的配筋率；f_y 为钢筋的屈服强度；f_c 为混凝土抗压强度。

利用式(7.6)～式(7.7)计算各试件延性承载阶段终点的承载力，计算结果见表 7.2。

延性承载阶段终点承载力计算值　　　　　　　　　　表 7.2

试件编号	W1	W2-C	W3-L1	W4-L2	W5-N	W6-H	W7-R	W8-V	W10-M	W11-A
V_u(kN)	636	548	464	412	528	584	616	528	645	673
$V_u/f_c b h_0$	0.090	0.109	0.092	0.087	0.116	0.130	0.088	0.116	0.087	0.085

7.1.6　试验验证

将 CTSRC 剪力墙骨架曲线的试验结果与上述建议的计算方法得到的结果进行对比，如图 7.8 所示。可以看出，本书提出的骨架曲线模型与试验结果吻合良好。

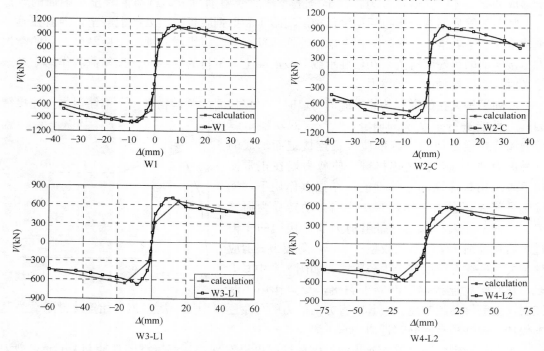

图 7.8　骨架曲线计算结果与试验结果对比(一)

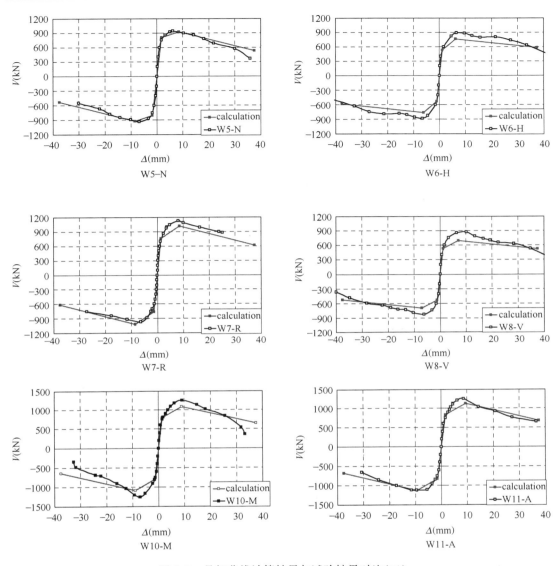

图 7.8 骨架曲线计算结果与试验结果对比(二)

7.2 恢复力模型

常用的恢复力模型有基于材料的模型、基于截面的模型和基于构件的模型等。清华大学陆新征等在前人研究基础上,参考 Park 的工作,提出了陆新征-曲哲模型(以下简称 Lu-Qu 模型)[139],如图 7.9 所示。

在 Lu-Qu 模型中,共有 10 个参数,分别是:

(1) 初始刚度 K_0;

(2) 正向屈服强度 V_y;

(3) 强化模量参数 η;

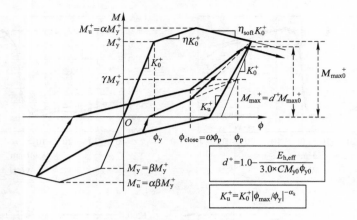

图 7.9　Lu-Qu 滞回模型

(4) 损伤累计耗能参数 C；

(5) 滑移捏拢参数 γ；

(6) 软化参数 η_{soft}；

(7) 极限强度和屈服强度的比值 α；

(8) 负向和正向屈服强度之比 β；

(9) 卸载刚度参数 α_{k}；

(10) 滑移段终点参数 ω。

通过选择调整 10 个参数的取值，Lu-Qu 模型可以模拟不同受力特点的结构构件的滞回性能[139]。

Lu-Qu 模型中 K_0、V_y、η、η_{soft}、α、β 等 6 个参数可通过骨架曲线求得；C、γ、α_{k}、ω 依据试验结果确定。

依照 CTSRC 剪力墙骨架曲线模型 (图 7.2)，Lu-Qu 模型中的参数

$$K_0 = \frac{V_{\text{cr}}}{\Delta_{\text{cr}}} \tag{7-8a}$$

$$V_y = V_{\text{cr}} \tag{7-8b}$$

$$\eta = \frac{V_{\text{max}} - V_{\text{cr}}}{\Delta_{\text{max}} - \Delta_{\text{cr}}} \cdot \frac{\Delta_{\text{cr}}}{V_{\text{cr}}} \tag{7-8c}$$

$$\eta_{\text{soft}} = \frac{V_{\text{max}} - V_{\text{u}}}{\Delta_{\text{max}} - \Delta_{\text{u}}} \cdot \frac{\Delta_{\text{cr}}}{V_{\text{cr}}} \tag{7-8d}$$

$$\alpha = \frac{V_{\text{max}}}{V_{\text{cr}}} \tag{7-8e}$$

正向和负向受力性能基本相同的结构构件，例如对称配筋的矩形截面剪力墙，β 取为 1，对于 T 形截面的剪力墙，β 将不等于 1。

Lu-Qu 模型中 η_{soft} 表示单向受力时结构构件的软化参数，由于反复加载下软化参数减小，因此将 η_{soft} 在式 (7.8d) 结果上增加 0.025，且最大值为 0，见式 (7.9)。

$$\eta_{\text{soft}} = \min\left(\frac{V_{\text{max}} - V_{\text{u}}}{\Delta_{\text{max}} - \Delta_{\text{u}}} \cdot \frac{\Delta_{\text{cr}}}{V_{\text{cr}}} + 0.025, \ 0\right) \tag{7-9}$$

滑移捏拢参数 γ 是考虑结构构件在反复荷载作用下的"滑移捏拢"现象的参数。国内

外提出了很多模型来模拟捏拢现象，Park 等人提出了如图 7.10 所示的滞回模型[140]：当变形小于裂缝闭合位移 ϕ_{close}（可取前次卸载到零时对应的残余变形）时，再加载曲线指向前次卸载曲线上对应于 γM_y 的点 P，当变形超过 ϕ_{close} 时，曲线指向历史最大点。γ 随构件破坏形式而变化，Park 建议捏拢严重的构件取 0.25，一般捏拢的构件取 0.4，没有捏拢的构件取 1.0。Lu-Qu 模型中滑移捏拢参数 γ 与 Park 模型定义相同。

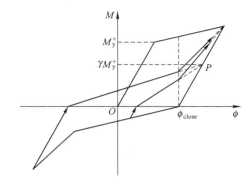

图 7.10 Park 提出的考虑捏拢的弯矩曲率关系

结构构件在反复加载过程中，会出现强度退化现象。混凝土构件的承载力退化与最大位移和累积滞回耗能有关。在 Lu-Qu 模型中采用损伤累计耗能参数 C 考虑承载力退化。

结构构件在反复荷载作用下，当荷载小于屈服力时，卸载刚度与屈服前刚度基本相同；当荷载超过屈服力后，随着变形的增大，卸载刚度不断降低。结构构件屈服后卸载刚度与卸载时的变形有关，其值为

$$K_u^+ = K_0^+ \, | \phi_{max}/\phi_y |^{-\alpha_k} \tag{7-10}$$

α_k 为卸载刚度参数，依据试验确定。

结构构件出现剪切破坏或者节点处出现锚固破坏时，在反向加载过程中，存在一个刚度很小的滑移段，在滑移段构件一般处于斜裂缝闭合过程中，或者处于钢筋反向加载滑移过程中。随着斜裂缝的闭合或者钢筋滑移的终止，构件的刚度慢慢增大，斜裂缝闭合或者钢筋终止滑移的位移 ϕ_{close} 为

$$\phi_{close} = \omega \phi_p \tag{7-11}$$

其中，ω 是滑移段终点参数，依据试验确定。

基于 CTSRC 剪力墙的三折线骨架线模型，采用 Lu-Qu 模型模拟 CTSRC 剪力墙的滞回行为，C、γ、α_k 和 ω 分别取为 35、0.35、0.5 和 0.4，其余参数由式(7-8)和式(7-9)确定。模拟结果如图 7.11 所示，结果表明模拟结果与试验结果吻合较好。

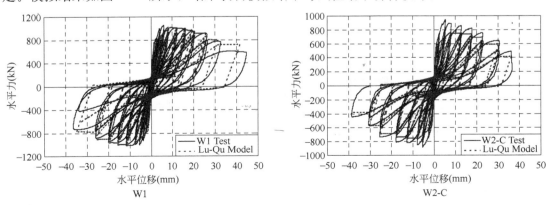

图 7.11 CTSRC 剪力墙滞回行为模拟结果（一）

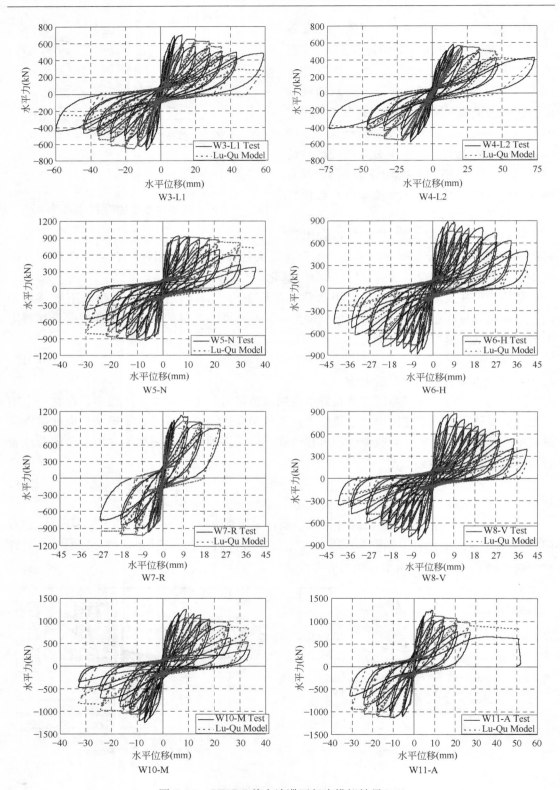

图 7.11　CTSRC 剪力墙滞回行为模拟结果(二)

参数 C 是表示结构构件承载力退化的参数。剪力墙的承载力退化与轴压比、水平钢筋配筋率等参数有关，提高轴压比承载力退化加快，应选取较小的 C 值；提高水平分布钢筋配筋率可以延缓承载力退化，应选用较大的 C 值；另外在试验中发现，墙体表面配置钢模网时，承载力退化较快，应选用较小的 C 值。因此，将 W5-N 和 W10-M 的参数 C 调整为 20，W6-H 的参数 C 调整为 45，重新模拟 W5-N、W6-H 和 W10-M 的滞回行为，结果如图 7.12 所示，可见调整参数 C 后，模拟结果与试验结果更为接近。

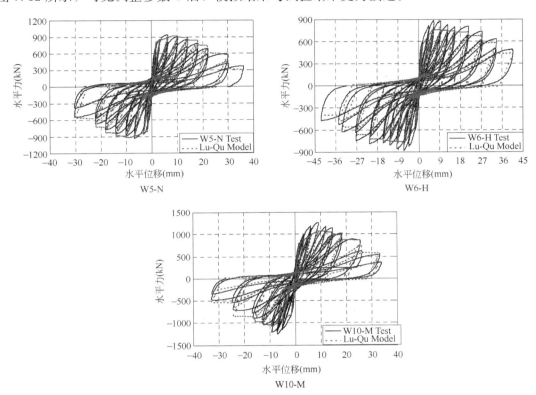

图 7.12 参数调整后 CTSRC 剪力墙滞回行为结果

采用 Lu-Qu 模型模拟得到的各试件的滞回耗能与试验结果的对比见图 7.13，二者之

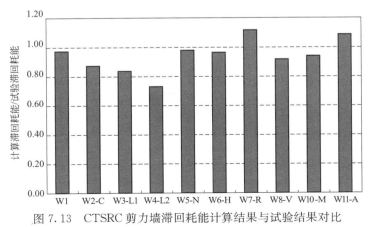

图 7.13 CTSRC 剪力墙滞回耗能计算结果与试验结果对比

比的平均值为 0.942，变异系数为 0.120。采用 Lu-Qu 模型和本章建议的参数可以较好地模拟 CTSRC 剪力墙的滞回行为。

7.3 承载力退化规律

CTSRC 剪力墙的骨架曲线在承载力退化段的斜率为

$$k_u = \frac{V_u - V_{max}}{\Delta_u - \Delta_{max}} \tag{7-12}$$

式中，V_{max} 和 Δ_{max} 分别为峰值点的荷载和变形；V_u 和 Δ_u 分别为极限点的荷载和变形，如图 7.2。位移为 Δ 时，墙体承载力为

$$V = V_u + k_u(\Delta - \Delta_u) \tag{7-13a}$$

$$V = V_{max} + k_u(\Delta - \Delta_{max}) \tag{7-13b}$$

式中，$\Delta_{max} \leqslant \Delta \leqslant \Delta_u$。

7.4 竖向裂缝开裂荷载

初始竖向裂缝的出现对墙体受力性能影响很小，但是会影响墙体的正常使用性能，因此需要研究斜裂缝出现前竖向裂缝的开裂荷载。虽然大多数情况下墙体根部水平开裂是最早发生的，但是斜裂缝出现前可以假定墙体处于弹性状态。

竖向裂缝开裂荷载与型钢的开孔率和表面状况等参数有关。CTSRC 剪力墙上型钢腹板所在截面混凝土分为两部分：型钢保护层和孔洞处混凝土、型钢腹板钢板接触面处混凝土，相应的抗裂承载力包括混凝土提供的抗裂承载力 V_{c1} 和型钢腹板钢材与混凝土之间的胶结力 V_{c2}。钢板与混凝土的胶结力比较小，诱发了竖向裂缝。

为了确定混凝土提供的抗裂承载力 V_{c1}，首先研究型钢所在截面的应力分布规律。采用有限元程序分析了水平力 V 和竖向力 N 作用下弹性剪力墙各型钢所在截面的应力分布，如图 7.14 所示，横轴为应力与墙体平均剪应力 V/A 之比，V 为水平力，A 为墙体横截面积；纵轴为各点距离基础梁顶面的高度 h 与墙体净高 H 之比；σ_x 为截面的水平正应力，σ_y 为竖向正应力，τ_{xy} 为剪应力，正应力以拉力为正。研究对象的高宽比为 1.0，$N = 2.4V$，如图 7.14(a) 所示。

由图 7.14 可以发现：(1)各截面的剪应力沿墙体高度方向基本均匀分布，中部 3 个截面的剪应力约等于 $1.5V/A$。(2)与剪应力相比，各截面的水平正应力比较小，墙体中部 $0.2H \sim 0.8H$ 范围内近似为 0，可以忽略水平正应力的影响。(3)虽然离加载点最远的 e 截面下部竖向正应力较大，但是剪应力较小，从试验结果来看，边缘型钢所在的截面竖向裂缝出现最晚，因此不研究该截面。(4)c 截面的竖向正应力和剪应力最大，竖向正应力分布比较均匀，$\sigma_y = N/A$，该截面最早发生开裂。

7.4.1 混凝土提供的抗裂承载力

假定中间截面应力分布为 $\sigma_x = 0$；$\sigma_y = N/A = nf_{c,m}$，$n$ 为轴压比，$f_{c,m}$ 为抗压强度平均值，σ_y 为压应力；剪应力大小为 τ。当截面的主拉应力 σ_1 达到 f_t 时墙体开裂，则有，

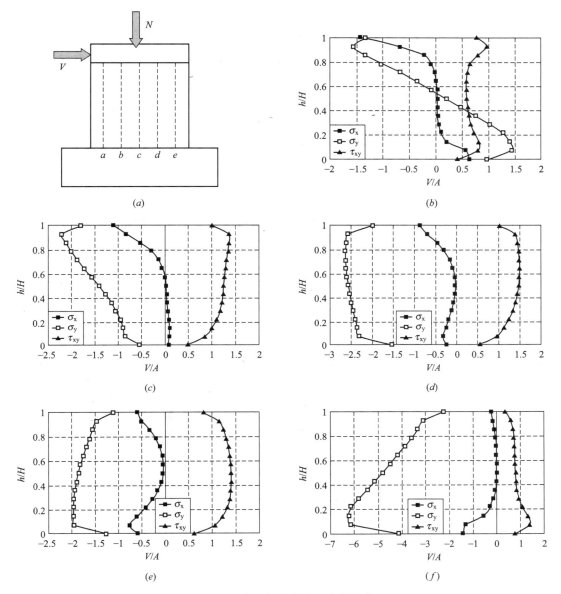

图 7.14 各型钢所在截面应力分布

(a)计算模型；(b)a 截面；(c)b 截面；(d)c 截面；(e)d 截面；(f)e 截面

$$\sigma_1 = \sqrt{\left(\frac{\sigma_y}{2}\right)^2 + \tau^2} - \frac{\sigma_y}{2} = f_t \tag{7-14a}$$

$$\tau = f_t\sqrt{1 + \frac{nf_{c,m}}{f_t}} \tag{7-14b}$$

则 V_{c1} 为

$$V_{c1} = \tau bls \tag{7-14c}$$

其中，b 为墙体厚度；l 为沿型钢方向长度；s 为冷弯薄壁型钢腹板所在截面混凝土面积与该截面截面积比值。

7.4.2　钢与混凝土间的胶结力

　　型钢腹板钢材与混凝土之间的胶结力与钢材的表面粗糙度相关，根据徐有邻[126]的研究结果，当钢材表面无锈时，粘结力参数为$(0\sim0.02)f_{cu}$，长度 l 范围内钢材与混凝土之间的胶结力为，

$$V_{c2}=0.02f_{cu}bl(1-s) \tag{7-15}$$

则 CTSRC 剪力墙沿着型钢出现竖向裂缝时长度 l 范围内的受剪承载力为 $V_R=V_{c1}+V_{c2}$，平均剪应力为 $\tau_R=V_R/lb$。

　　外荷载在墙体中线处产生的剪应力为 $\tau_s=1.5V/A$。

　　如果 $\tau_s>\tau_R$，则墙体沿着型钢出现竖向裂缝。

　　采用上述方法计算得到的竖向裂缝开裂荷载见表 7.1，计算值与试验结果的对比见图 7.15。计算值与试验值之比的平均值为 0.842，变异系数为 0.156；混凝土强度较低时，计算结果偏小。

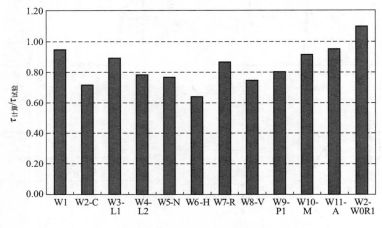

图 7.15　竖向裂缝开裂荷载计算值与试验值比较

7.5　本章小结

　　(1) 根据 CTSRC 剪力墙的受力特征，提出了强弯弱剪墙体的水平力-位移三折线骨架曲线模型，给出了受力过程中的 3 个关键点——斜裂缝开裂点、峰值荷载点和延性承载阶段终点的计算方法，计算结果与试验结果吻合良好。

　　(2) 根据 CTSRC 剪力墙的骨架曲线模型，基于合理的参数取值，采用 Lu-Qu 模型，给出了 CTSRC 剪力墙的滞回模型。

　　(3) 提出了竖向裂缝开裂荷载的计算方法，计算结果与试验结果吻合较好。

第 8 章　CTSRC 剪力墙受弯性能分析

清华大学黄勤翼进行了 8 个 CTSRC 剪力墙的受弯性能试验研究[128]，本章根据试验结果，研究了 CTSRC 墙体的受弯承载力计算方法，建议了墙体层间连接构造，进一步完善了 CTSRC 剪力墙的设计方法。

8.1　CTSRC 剪力墙受弯试验简介

8.1.1　试验设计[128]

黄勤翼进行了 8 片矩形截面剪力墙在恒定轴压下的水平往复加载试验[128]，试件尺寸见图 8.1，截面尺寸均为 1300mm×160mm，加载点到基础梁顶面高度 2925mm。试件的主要变化参数为约束边缘构件内配置的纵向槽钢截面积与配箍特征值，以及墙体轴压比，具体参数见表 8.1。

试件中钢骨架由竖向冷弯薄壁 C 形钢和水平冷弯槽钢组成，C 形钢形状尺寸见表 3.2，水平冷弯槽钢为 15m×15m×1.0mm，焊接在 C 形钢上。典型试件的钢骨架如图 8.2 所示，截面配筋如图 8.3 所示。

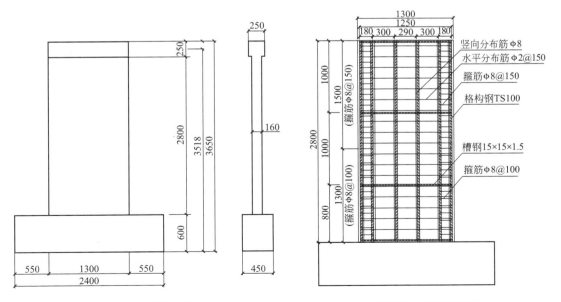

图 8.1　试件尺寸　　　　　　　　　图 8.2　W01 钢骨架

			试件主要参数					表 8.1
试件编号	W01	W02	W03	W04	W05	W06	W07	W08
试验轴压比 n_t	0.110	0.111	0.219	0.234	0.274	0.329	0.329	0.274
钢骨配置	6号槽钢	10号槽钢	6号槽钢	10号槽钢	6号槽钢	10号槽钢	6号槽钢	10号槽钢
钢骨截面积(mm^2)	845	1274	845	1274	845	1274	845	1274
约束边缘构件长度(mm)	210	210	210	210	260	260	260	260
约束边缘构件含钢量(%)	2.51	3.79	2.51	3.79	2.03	3.06	2.03	3.06
箍筋直径(mm)	8	8	8	8	10	10	10	10
约束边缘构件配箍特征值	0.230	0.230	0.230	0.230	0.332	0.332	0.332	0.332

　　试件制作时先安装钢骨架，配置水平分布筋和竖向分布筋，如图 8.4(a)所示，然后插入竖向钢骨，如图 8.4(b)所示。C 形钢和竖向分布筋没有伸入地梁，依靠竖向插筋连接，插筋为 φ12钢筋，与墙体竖向分布筋搭接，搭接长度 400mm。

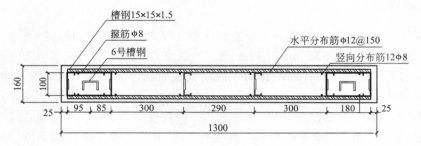

图 8.3　W01 截面配筋(配钢)图

(a) (b)

图 8.4　W01 钢骨架照片

(a)钢骨架；(b)钢骨架＋边缘钢骨

　　试件加载采用恒定轴压下的水平低周往复加载，试件边缘钢骨屈服前采用荷载控制，每级荷载循环一次，试件屈服后为位移控制，每级位移循环两次。

8.1.2 试验结果

8.1.2.1 破坏过程

墙体破坏过程有如下特点[128]：

（1）轴压比 0.1 的试件在接近峰值荷载时，墙根部两个方向的水平裂缝连通，裂缝宽度逐渐增大；顶点控制位移约 20mm 时达到极限承载力，直到 60mm 承载力基本不变，试验结束，此时受压区混凝土压溃非常小，如图 8.5(a)所示。

（2）试验轴压比为 0.2～0.33 的试件在峰值荷载时墙根部水平裂缝连通，受压区混凝土压酥崩落；墙体沿 C 形钢出现竖向裂缝，裂缝宽度很小；水平位移达到 40～50mm 时，受压区约束边缘构件混凝土大面积压溃崩落，延伸到墙板中，C 形钢与插筋压屈，竖向承载力迅速减小，水平承载力下降到峰值承载力的 85%，试验结束，W06 破坏时的照片如图 8.5(b)所示。

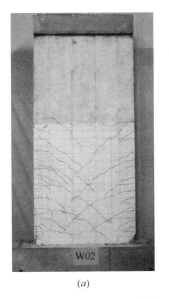
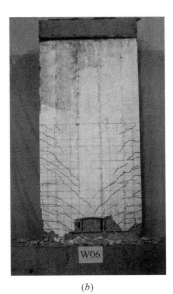

(a) (b)

图 8.5　破坏照片

(a)W02；(b)W06

由于峰值荷载前没有出现竖向裂缝，CTSRC 剪力墙破坏模式与传统剪力墙基本相同。

发生弯曲破坏的 CTSRC 剪力墙的破坏过程与第 4 章和第 5 章的强弯弱剪墙体不同，主要有：

（1）裂缝开展规律不同。强剪弱弯的 CTSRC 剪力墙出现了水平裂缝和斜裂缝，轴压比较大的墙体在峰值荷载时出现竖向裂缝，裂缝开展集中在墙根部水平裂缝，斜裂缝和竖向裂缝宽度较小。强弯弱剪的墙体出现水平裂缝、斜裂缝和竖向裂缝，裂缝开展集中在竖向裂缝，根部水平裂缝宽度很小。

（2）损伤破坏区域不同。强剪弱弯的墙体裂缝分布在下部区域，其余大部分墙体保持完好，破坏时水平裂缝较宽，墙趾混凝土压溃，纵筋和 C 形钢压屈，轴压比较大时混凝土破坏区域超过墙体截面积的 50%，轴压比较小的墙体虽然混凝土破坏区域较小，但是水平裂缝较宽，W01 在控制位移 60mm 时裂缝宽度大于 10mm，墙底产生滑移变形。强弯弱剪的墙体裂缝分散在整个墙体，破坏时墙根水平裂缝很小，竖向裂缝区域混凝土剥落，墙趾混凝土完好，墙柱和边柱保持完整，墙底滑移变形非常小。

（3）承载力退化规律不同。轴压比较小时，强剪弱弯的 CTSRC 剪力墙极限承载力在较大的变形范围内保持稳定，随着轴压比的提高，承载力稳定性降低，例如轴压比 0.33 的 W06 和 W07 在位移角约 1/70 时，随着墙底部混凝土压溃，承载力急剧降低，竖向承载力的突然降低意味着结构构件可能发生倒塌。强弯弱剪的 CTSRC 剪力墙峰值荷载后水平承载力退化比弯曲破坏的墙体快一些，但是变形能力很好，破坏时墙柱和边缘构件基本完整，墙底部混凝土保持完好，具有较高竖向承载力，抗倒塌能力好；例如高宽比 1.0、轴压比 0.3 的 W5-N 破坏时位移角约 1/83，继续加载到位移角 1/45 时，水平承载力为峰值荷载的 60%，仍具有较高的竖向承载力。

8.1.2.2　荷载和位移特性[128]

试件水平力-位移滞回曲线见图 8.6。边缘纵向钢骨截面积相同时，随轴压比提高，试件承载力提高，延性降低。在边缘约束构件配箍特征值和轴压比相同的情况下，提高边缘纵向钢骨的截面积，可提高承载力。增大轴压比和边缘纵向钢骨截面积可以提高试件的刚度。

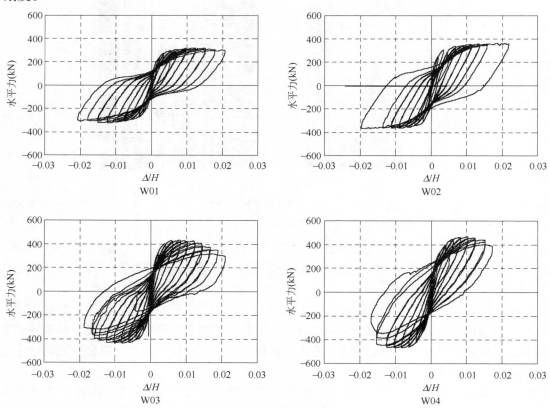

图 8.6　顶点水平力-位移滞回曲线（一）

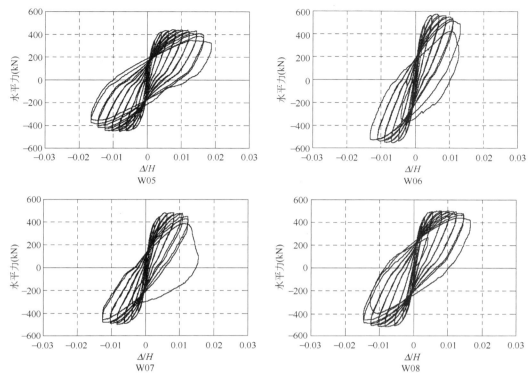

图 8.6 顶点水平力-位移滞回曲线(二)

8.1.2.3 插筋应变变化规律

W03 和 W07 的典型插筋应变变化规律如图 8.7 所示，插筋距墙边缘 540mm。开始时插筋应变小于屈服应变，在峰值荷载时受拉应变迅速增大而屈服。增大轴压比能够控制墙根部水平裂缝宽度，受压时裂缝闭合，因此插筋拉应变和残余应变较小。由此可知插筋构造满足受力要求。

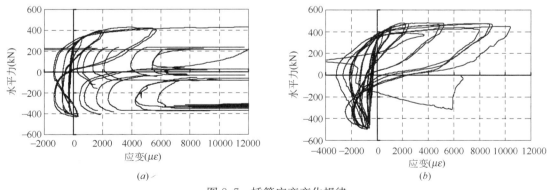

图 8.7 插筋应变变化规律
(a)W03；(b)W07

本章采用的线型插筋与前文介绍的倒 U 形插筋都可以保证墙体的整体性，但是二者有一定的区别。倒 U 形插筋布置在竖向型钢中间，伸入上部墙体较少，施工方便；当墙根部水平裂缝较大时，倒 U 形插筋将周围混凝土拉裂，产生如第 4 章中 W9-P1 出现的弧状裂缝；要防止倒 U 形插筋失效，需要控制墙根部裂缝开展，也可以增加插筋伸入上部墙体的长度，但这样会增加施工难度。线型插筋伸入上部墙体较长，满足锚固长度，虽然施工不方便，但是不需要限制墙根部裂缝开展，适用性比较好。

8.2   试验结果分析

8.2.1   承载力

在黄勤翼试验的基础上，依据《钢骨混凝土结构设计规程》（YB 9082—2006）[91]的规定，计算了试件的正截面受弯承载力，公式为：

$$N = \alpha_1 f_c \xi b h_0 + f_y' A_s' - \sigma_s A_s + N_{sw} \qquad (8\text{-}1a)$$

$$Ne = f_c \xi (1 - 0.5\xi) b h_0^2 + f_y' A_s'(h_0 - a_s') + M_{sw} \qquad (8\text{-}1b)$$

其中，$f_y' A_s'$ 为端部配置的钢筋和型钢总有效强度，N_{sw} 和 M_{sw} 分别为中部分布钢筋提供的轴力和弯矩。计算结果见表 8.2。H_1 是将插筋视为竖向钢筋得到的受弯承载力对应顶点水平力，H_2 没有考虑插筋的作用，H_1 更接近试验值。计算结果表明采用式(8-1)并且将插筋视为竖向钢筋可以很好的评估墙体的受弯承载力。

	承载力计算结果							表 8. 2
构件编号	W01	W02	W03	W04	W05	W06	W07	W08
试验峰值荷载 V_m(kN) 推	314. 9	355. 4	433. 7	462. 6	443. 1	576. 3	482. 3	503. 6
拉	316. 3	363. 8	435. 4	464. 3	451. 8	554. 4	497. 4	517. 1
平均	315. 6	359. 6	434. 6	463. 5	447. 5	565. 4	489. 9	510. 4
H_1(kN)	310. 2	367. 7	407. 8	467. 2	418. 4	527. 8	458. 5	499. 3
H_2(kN)	240. 7	298. 2	338. 4	397. 8	349. 0	458. 3	389. 0	429. 8

8.2.2   竖向裂缝开裂荷载

采用第 7 章 7.4 节建议的方法计算了黄勤翼试验中试件的竖向裂缝开裂荷载 V_{cr}，计算结果见表 8.3，可见计算开裂荷载与试验峰值荷载非常接近，表明试件在峰值荷载时出现竖向裂缝，与试验现象吻合。

	竖向裂缝开裂荷载计算结果							表 8. 3
构件编号	W01	W02	W03	W04	W05	W06	W07	W08
开裂荷载 V_{cr}(kN)	339	324	429	416	427	489	481	453
V_{cr}/V_m	1. 08	0. 90	0. 99	0. 90	0. 95	0. 87	0. 98	0. 89

注：V_m 为墙体峰值荷载试验值。

8.3   结论

在黄勤翼试验基础上，分析了弯曲破坏的 CTSRC 剪力墙的受力性能，得到以下结论：

（1）边缘构件配置纵向钢骨的 CTSRC 剪力墙的受弯承载力可采用普通钢骨剪力墙的计算公式。

（2）峰值荷载前未出现竖向裂缝的 CTSRC 剪力墙，破坏模式和受力性能与传统剪力墙基本相同。

（3）采用线型插筋能够保证 CTSRC 剪力墙的连续性。

第9章 CTSRC 剪力墙设计建议

根据试验和理论研究成果，提出高层结构中 CTSRC 剪力墙的设计建议。

9.1 一般规定

(1) CTSRC 剪力墙结构的最大适用高度与钢筋混凝土剪力墙相同。

(2) CTSRC 剪力墙结构中，剪力墙宜沿主轴方向或其他方向双向布置；抗震设计的剪力墙结构，应避免仅单向有墙的结构布置形式。

(3) 高宽比小于 2 的墙体可不设洞口，应验算墙体竖向裂缝出现荷载，使其不大于墙体受剪承载力的 60%。墙体受剪承载力是指剪力墙按实配钢筋、材料强度标准值计算的受剪承载力值；竖向裂缝出现荷载值是指相应截面按照材料强度标准值计算得到的竖向裂缝开裂荷载。

其他规定可参照《高层建筑混凝土结构技术规程》[95]7.1 节的规定。

9.2 截面设计

(1) 剪力墙受弯承载力计算可按现行国家标准《混凝土结构设计规范》[109]的有关规定计算；如果端部配置钢骨可依据《钢骨混凝土结构设计规程》[91]相关规定计算。

(2) 剪力墙底部加强部位墙肢截面的剪力设计值，一、二、三级抗震等级时应按下式调整，四级抗震等级及无地震作用组合时可不调整。

$$V_w = \eta_{vw} V \tag{9-1}$$

式中，V_w 考虑地震作用组合的剪力设计值；V 考虑地震作用组合的剪力计算值；η_{vw} 剪力增大系数，当竖向裂缝出现荷载值大于墙体受剪承载力的 60% 时，一级为 1.6，二级为 1.4，三级为 1.2；当竖向裂缝出现荷载不大于墙体受剪承载力的 60% 时，取为 1.0。

(3) 剪力墙的受剪截面应符合下列条件：

① 当竖向裂缝出现荷载值大于墙体受剪承载力的 60% 时，受剪截面应符合下列条件：

无地震作用组合时

$$V_w \leqslant 0.25\beta_c f_c b_w h_{w0} \tag{9-2a}$$

有地震作用组合时

剪跨比大于 2.5 时

$$V_w \leqslant \frac{1}{\gamma_{RE}} (0.20\beta_c f_c b_w h_{w0}) \tag{9-2b}$$

剪跨比不大于 2.5 时

$$V_w \leqslant \frac{1}{\gamma_{RE}}(0.15\beta_c f_c b_w h_{w0}) \tag{9-2c}$$

② 当竖向裂缝出现荷载不大于墙体受剪承载力的 60% 时，受剪截面尺寸不做限定。

(4) 剪力墙受剪承载力按下列方法计算：

① 高宽比小于 2 的墙体，按照拉压杆-滑移模型计算，并除以相应的承载力抗震调整系数；

② 高宽比不小于 2 的墙体，受剪承载力应按下式计算

无地震作用组合时

$$V_w \leqslant \frac{1}{\lambda - 0.5}\left(0.5 f_t b_w h_{w0} + 0.13 N \frac{A_w}{A}\right) + f_{yv}\frac{A_{sh}}{s}h_{w0} \tag{9-3a}$$

$$V_w \leqslant \frac{1}{\lambda - 0.5}\left(0.5 f_t b_w h_{w0} - 0.13 N \frac{A_w}{A}\right) + f_{yv}\frac{A_{sh}}{s}h_{w0} \tag{9-3b}$$

有地震作用组合时

$$V_w \leqslant \frac{1}{\gamma_{RE}}\left[\frac{1}{\lambda - 0.5}\left(0.4 f_t b_w h_{w0} + 0.1 N \frac{A_w}{A}\right) + 0.8 f_{yv}\frac{A_{sh}}{s}h_{w0}\right] \tag{9-4a}$$

$$V_w \leqslant \frac{1}{\gamma_{RE}}\left[\frac{1}{\lambda - 0.5}\left(0.4 f_t b_w h_{w0} - 0.1 N \frac{A_w}{A}\right) + 0.8 f_{yv}\frac{A_{sh}}{s}h_{w0}\right] \tag{9-4b}$$

式中，N 轴向压力设计值，当 $N > 0.2 f_c b_w h_w$ 时，取 $N = 0.2 f_c b_w h_w$；λ 为计算截面的剪跨比，当 $\lambda < 1.5$ 时，取 $\lambda = 1.5$，当 $\lambda > 2.2$ 时，取 $\lambda = 2.2$；A 为剪力墙截面面积；A_w 为 T 形或 I 形截面剪力墙腹板面积；b_w 为剪力墙截面宽度；h_{w0} 为剪力墙截面有效高度；f_{yv} 为水平分布钢筋的屈服强度；A_{sh} 为水平分布钢筋的截面积；s 为水平分布钢筋间距；γ_{RE} 为承载力抗震调整系数。

9.3　构造规定

(1) 墙体竖向冷弯薄壁型钢腹板所在截面钢材与混凝土的结合面面积不应大于墙体截面积的 50%。

(2) 墙体钢骨架以楼层为装配单元，水平施工缝处的受剪承载力应符合下列规定：

$$V_w \leqslant \frac{1}{\gamma_{RE}}(0.6 f_y A_s + 0.8 N) \tag{9-5}$$

式中，V_w 为水平施工缝处考虑地震作用组合的剪力计算值；A_s 为剪力墙水平施工缝处全部竖向钢筋截面面积，包括附加竖向插筋以及边缘构件(不包括两侧翼墙)纵向钢筋的总截面面积；N 为考虑地震作用组合的水平施工缝处的轴向力设计值，拉力为负；f_y 为钢筋抗拉强度设计值。

(3) 墙体层间的附加竖向插筋截面积不小于竖向冷弯薄壁型钢的净截面积，宜采用线形插筋，锚固长度满足相关规范要求。

第10章 结论与展望

10.1 本书主要研究成果

本书以多层和高层住宅 CTSRC 剪力墙新型结构体系为背景，对多层结构的墙体及整体结构的抗震性能和高层结构的墙体抗震性能进行了较为系统的试验研究，取得了以下主要研究成果：

（1）研究了钢网构架混凝土复合结构多层结构的抗震性能

进行了 4 片钢网构架混凝土复合结构多层住宅墙体的拟静力试验研究，结果表明竖向冷弯薄壁型钢与混凝土可形成组合暗柱，承受竖向荷载，提供抗剪销栓力，提高墙体的延性；受弯破坏时钢模网对承载力和刚度没有影响；受剪破坏时，钢模网能提高墙体的承载力和刚度。进行了足尺模型抗震性能试验研究，结果表明钢网构架混凝土复合结构具有良好的抗震性能，通过合理的设计能够满足多层住宅的抗震要求。在此基础上提出了钢网构架混凝土复合结构多层住宅的设计建议。

（2）研究了 CTSRC 剪力墙的受剪性能和破坏机理

进行了 12 片强弯弱剪墙体的拟静力试验研究，研究参数包括：边缘构件纵筋类型和数量、表面钢模网、冷弯薄壁型钢底部锚固等关键构造，以及剪跨比、轴压比、水平分布钢筋数量、混凝土强度和冷弯薄壁型钢截面积等，研究结果表明：

CTSRC 剪力墙的破坏过程经历整截面墙到分缝墙的过程，具有多道抗震防线，并具有较好的延性，可满足三水准抗震设防目标。

合理设计的 CTSRC 剪力墙可避免脆性剪切破坏，规范规定的剪压比限值已不适用，可不按照"强剪弱弯"原则进行设计；CTSRC 剪力墙改变了传统剪力墙损伤区域集中于塑性铰区域的状况，水平钢筋和竖向钢筋得到充分利用，混凝土的破坏区域面积大而分散。

随着剪跨比增加，CTSRC 剪力墙的受剪承载力降低，刚度衰减减缓；提高水平分布筋配筋率可以提高受剪承载力，改善裂缝分布和峰值后承载力稳定性，降低总变形中剪切变形的比例；轴压力可以提高墙体的受剪承载力和刚度，推迟裂缝出现，减小裂缝宽度；在一定范围内竖向冷弯薄壁型钢配置量对墙体受力性能影响较小，可按基本构造要求配置。

强弯弱剪的 CTSRC 剪力墙边缘纵筋数量对承载力基本没有影响；将倒 U 形插筋布置在相邻冷弯薄壁型钢中间，能够保证 CTSRC 剪力墙的连续性。

峰值荷载前，CTSRC 剪力墙顺着冷弯薄壁型钢出现竖向裂缝，竖向裂缝两侧墙柱的竖向和水平相对变形非常小，峰值荷载时突然增大，峰值荷载后，相对变形与墙体位移角之间基本为线性关系。CTSRC 剪力墙边缘纵筋在峰值荷载时保持弹性，峰值荷载后边缘纵筋都受拉并逐渐屈服。

（3）建立了 CTSRC 剪力墙受剪承载力分析模型与计算方法

基于软化拉压杆模型，针对高宽比小于 2 的 CTSRC 剪力墙，提出了反映 CTSRC 剪力墙受力机理的拉压杆-滑移分析模型和计算方法，计算结果和试验结果吻合良好。CTSRC 剪力墙破坏模式有延性剪切破坏和弯曲破坏，受剪承载力退化规律与普通剪力墙基本相同。CTSRC 剪力墙可以采用强剪弱弯设计原则，以弯曲后剪切破坏为目标破坏模式。

（4）提出了 CTSRC 剪力墙滞回模型

根据试验研究结果，建议了强弯弱剪的 CTSRC 剪力墙水平力-位移三折线骨架曲线模型，以及屈服点、峰值荷载点和极限点的承载力和变形确定方法，理论模型与试验结果吻合良好。在此基础上，采用 Lu-Qu 模型给出了 CTSRC 剪力墙的滞回模型，建议了滞回模型中参数的确定方法，模拟结果与试验结果比较吻合。

（5）建议了 CTSRC 剪力墙受弯承载力计算方法

根据已有的 CTSRC 剪力墙受弯性能的试验研究结果，分析了弯曲破坏的 CTSRC 剪力墙的受力性能。研究表明，在峰值荷载前未出现竖向裂缝的 CTSRC 剪力墙，受力性能和破坏模式与传统剪力墙基本相同；边缘构件配置纵向钢骨的 CTSRC 剪力墙，受弯承载力可采用普通钢骨剪力墙的计算方法。

（6）提出了 CTSRC 剪力墙设计建议

综合 CTSRC 剪力墙的构造、受剪性能、受弯性能的研究工作，提出 CTSRC 剪力墙的设计建议。

10.2　研究展望

本书对 CTSRC 剪力墙的受力性能进行了较为系统的试验研究，但是作为一种新型剪力墙，要将其应用到实际工程中，还需要做进一步的研究，主要有：

（1）CTSRC 剪力墙构件的研究

本书对强弯弱剪的墙体进行了研究，并针对这种剪力墙可自动形成分缝墙的特点，展开了较为系统的研究，目前这种破坏模式的剪力墙的研究和实际应用较少，需要进一步开展试验和理论研究。

可自动形成分缝墙的 CTSRC 剪力墙的设计原则和设计方法是下一步研究的重点。本书研究表明 CTSRC 剪力墙的破坏模式与传统剪力墙不同，可以采用不同的设计原则，相关设计方法也有待进一步完善。

（2）CTSRC 剪力墙结构的研究

CTSRC 剪力墙整体结构的研究非常少。要推动 CTSRC 剪力墙在高层结构的应用，需要进一步研究 CTSRC 剪力墙结构的抗震性能和破坏机制，明确结构设计中的主要控制参数和结构抗震性能，最终提出工程实用设计方法。

附录   拉压杆-滑移模型应用算例

附录 A   计算整截面墙的受剪承载力 V_{wh1}

W1 的相关参数见第 4 章。

（1）求对角压杆面积

$$a_w = \left[0.25 + 0.85\frac{N}{A_w f_c'}\right]h = 556.7\text{mm}$$

$$A_{str} = a_w \times b = 556.7 \times 170 = 94637\text{mm}^2$$

（2）求对角压杆倾角

截面拉力到压力合力之间的距离为 $l_h = 0.9h$，则

$$\theta = \arctan\left(\frac{H}{l_h}\right) = \arctan\left(\frac{1500}{1350}\right) = 48.04°$$

（3）计算软化系数

取 $f_c' = 0.8 f_{cum} = 31.1\text{MPa}$

$$\zeta = \frac{3.35}{\sqrt{f_c'}} = \frac{3.35}{\sqrt{31.1}} = 0.601 > 0.52$$

取 $\zeta = 0.52$

（4）求拉杆力分配系数

$$\gamma_h = \frac{2\tan\theta - 1}{3} = \frac{2\tan48.04° - 1}{3} = 0.407$$

$$\gamma_v = \frac{2\cot\theta - 1}{3} = \frac{2\cot48.04 - 1}{3} = 0.267$$

（5）求平衡拉杆指标

$$\overline{K}_h = \frac{1}{1 - 0.2(\gamma_h + \gamma_h^2)} = 1.130$$

$$\overline{K}_v = \frac{1}{1 - 0.2(\gamma_v + \gamma_v^2)} = 1.072$$

（6）求平衡拉杆力

$$\overline{F}_h = \gamma_h(\overline{K}_h \zeta f_c' A_{str}) \times \cos\theta = 470\text{kN}$$

$$\overline{F}_v = \gamma_v(\overline{K}_v \zeta f_c' A_{str}) \times \sin\theta = 325\text{kN}$$

（7）求拉杆屈服力

$$F_{yh} = A_{sh}f_{yh} = 163\text{kN}$$

$$F_{yv} = A_{sv}f_{yv} = 187\text{kN}$$

（8）求拉杆指标

$$K_h = \min\left(1 + (\overline{K}_h - 1)\frac{F_{yh}}{\overline{F}_h},\ \overline{K}_h\right) = 1.045$$

$$K_v = \min\left(1 + (\overline{K}_v - 1)\frac{F_{yv} + \beta N}{\overline{F}_v},\ \overline{K}_v\right) = 1.072$$

取 $\beta = 0.35$。

（9）求极限承载力

$$V_{wh1} = (K_h + K_v - 1)\zeta f_c' A_{str}\cos\theta = 1142\text{kN}$$

附录 B　计算沿竖向裂缝发生滑移时的受剪承载力 V_{wh2}

墙体型钢孔洞处的混凝土受到孔洞周围型钢卷边的约束作用，强度会提高，采用增大孔洞处混凝土截面积的方法考虑其影响，将孔洞处混凝土面积提高 20%。冷弯薄壁型钢保护层、孔洞处的混凝土截面积与墙体截面积之比 $\delta = 0.631$。

假定峰值荷载时水平力为 $V_{wh2} = 1142 \times 0.9 = 1028\text{kN}$。

（1）求整截面墙对角压杆高度

$$a_{w1} = \left[0.25 + 0.85\frac{N}{A_w f_c'}\right]h = 556.7\text{mm}$$

（2）求整截面墙对角压杆倾角

取截面拉力合力到压力合力之间的距离为 $l_h = 0.9h$，则

$$\theta_1 = \arctan\left(\frac{H}{l_h}\right) = \arctan\left(\frac{1500}{1350}\right) = 48.04°$$

（3）求对角压杆压力 D（如图 6.8(b)所示）

$$D = \frac{1}{\cos\theta_1} \times \frac{R_d}{R_d + R_h + R_v} \times V_{wh2} = 749\text{kN}$$

（4）求滑移面上的 D_x 和 D_y（如图 6.8(b)所示）

$$D_x = D\cos\theta_1 = 501\text{kN}$$
$$D_y = D\sin\theta_1 = 557\text{kN}$$

（5）求对角压杆滑移面长度 L（如图 6.8(b)所示）

$$L = \frac{a_{w1}}{\cos\theta_1} = 832\text{mm}$$

（6）求竖向裂缝处剪切面的 a_w 和 A_{str}

$$a_w = \left[0.25 + 0.85\frac{D_x}{A_w f_c'}\right]\delta L = \left[0.25 + 0.85\frac{D_x}{Lbf_c'}\right]\delta L = 182.3\text{mm}$$

$$A_{str} = a_w \times b = 288.4 \times 170 = 30987\text{mm}^2$$

（7）求竖向裂缝处混凝土剪切面的拉杆屈服力

$$F_{yv} = A_{sv}f_{yv} = 61.7\text{kN（垂直于剪切面的钢筋）}$$
$$F_{yh} = A_{sh}f_{yh} = 0$$

（8）求软化系数　$\zeta = \dfrac{3.35}{\sqrt{f_c'}} = \dfrac{3.35}{\sqrt{31.1}} = 0.601 > 0.52$

取 $\zeta = 0.52$

（9）求竖向裂缝处混凝土剪切面压杆倾角 θ（如图 6.7 所示）

假定剪切面斜裂缝方向与整截面墙混凝土压杆方向相同，则

$$\alpha = \frac{\pi}{2} - \theta_1$$

$$\tan\alpha = 2\tan\theta^{[116]}$$

则 $\theta = 24.24°$

（10）求竖向裂缝处混凝土剪切面拉杆力分配系数

在剪切面不包括水平传力机制，取 $\gamma_h = 0.00001$

$$\gamma_v = \frac{2\cot\theta - 1}{3} = \frac{2 \times \cot 24.24° - 1}{3} = 1.148$$

（11）求竖向裂缝处混凝土剪切面平衡拉杆指标

$$\overline{K}_h = \frac{1}{1 - 0.2(\gamma_h + \gamma_h^2)} = 1.000002$$

$$\overline{K}_v = \frac{1}{1 - 0.2(\gamma_v + \gamma_v^2)} = 1.973$$

（12）求竖向裂缝处混凝土剪切面平衡拉杆力

$$\overline{F}_h = \gamma_h (\overline{K}_h \zeta f_c' A_{str}) \times \cos\theta = 0.005 \text{kN}$$

$$\overline{F}_v = \gamma_v (\overline{K}_v \zeta f_c' A_{str}) \times \sin\theta = 465 \text{kN}$$

（13）求竖向裂缝处混凝土剪切面拉杆指标

$$K_h = \min\left(1 + (\overline{K}_h - 1)\frac{F_{yh}}{\overline{F}_h}, \ \overline{K}_h\right) = 1.0$$

$$K_v = \min\left(1 + (\overline{K}_v - 1)\frac{F_{yv}}{\overline{F}_v}, \ \overline{K}_v\right) = 1.128$$

（14）求竖向裂缝处混凝土剪切面混凝土的受剪承载力

$$V_1 = (K_h + K_v - 1)\zeta f_c' A_{str} \cos\theta = 515 \text{kN}$$

（15）求竖向裂缝处混凝土与型钢腹板接触面的摩擦力

$$V_2 = D_x \mu (1 - \delta) = 37 \text{kN}$$

（16）求竖向裂缝处抗滑移承载力

$$V = V_1 + V_2 = 515 + 37 = 552 \text{kN}$$

（17）求墙体沿竖向裂缝发生滑移时的受剪承载力

$$V_{wh2} = 1018 \text{kN}$$

计算结果与假设的墙体承载力基本相等，计算结束；否则设定新的计算起始值，转到步骤（1）重新计算。

（18）W1 的受剪承载力

比较整截面墙和沿竖向裂缝发生滑移时的受剪承载力，取较小值作为 W1 的受剪承载力，即 $V_{wh} = V_{wh2} = 1018 \text{kN}$。

（19）求试验值与计算值的比值

$$V_{test}/V_{wh} = 1025/1018 = 1.007$$

参 考 文 献

[1] 张季超，楚先锋，邱剑辉，等. 高效、节能、环保预制钢筋混凝土结构住宅体系及其产业化 [J]. 工程力学，2008，25(S2)：123-133.

[2] 施楚贤. 砌体结构理论与设计(第二版). 北京：中国建筑工业出版社，2003.

[3] 薛伟辰. 预制混凝土框架结构体系研究与应用进展. 工业建筑，2002，32(11)：47-50.

[4] 王慧英. 预制混凝土工业化住宅结构体系研究 [D]. 广州：广州大学，2007.

[5] 舒赣平，孟宪德，王培. 轻钢住宅结构体系及其应用. 工业建筑，2001，31(8)．1-4.

[6] 刘承宗，周志勇. 我国轻钢建筑及其发展问题探讨. 工业建筑，2000，30(4)：18-23.

[7] 何远宏. Dipy 模网混凝土剪力墙力学性能试验分析与设计研究 [博士学位论文]. 上海：同济大学，2004.

[8] 叶列平，曲哲，陆新征，冯鹏. 提高建筑结构抗地震倒塌能力的设计思想与方法. 建筑结构学报，2008，29(4)：42-50.

[9] 清华大学，西南交通大学，重庆大学，等. 汶川地震建筑震害分析及设计对策. 北京：中国建筑工业出版社，2009.

[10] 莫庸，金建民，杜永峰，等. 高烈度地震区建筑结构选型问题的初步探讨—5.12 汶川大地震陇南地区建筑结构震害考察中结构选型问题的思考. 工程抗震与加固改造，2008，30(4)：50-55.

[11] 尹保江，黄世敏，薛彦涛，等. 汶川 5.12 地震框架-剪力墙结构震害调查与反思. 工程抗震与加固改造，2008，30(4)：37-40.

[12] 李宏男，肖诗云，霍林生. 汶川地震震害调查与启示. 建筑结构学报，2008，29(4)：10-19.

[13] 王亚勇. 汶川地震建筑震害启示—抗震概念设计. 建筑结构学报，2008，29(4)：20-25.

[14] 韩丽霞，金德保，莫庸. 钢筋混凝土多层框架柱震害初步分析—汶川大地震都江堰灾区钢筋混凝土多层框架柱震害考察的思考. 工程抗震与加固改造，2008，30(4)：41-44.

[15] Fintel M P E. Performance of buildings with shear walls in earthquakes of the last thirty years. PCI journal，1995，40(3)：62-80.

[16] Wyllie L A, Abrahamson N, Bolt B, et al. The chile earthquake of march 3，1985 - performance of structures. Earthquake Spectra，1986，2(2)：293-371.

[17] Biskinis D E, Roupakias G K, Fardis M N. Degradation of shear strength of reinforced concrete members with inelastic cyclic displacements. ACI Structural Journal，2004，101(6)：773-783.

[18] Priestley M J N. Performance Based Seismic Design，XII World Conference on Earthquake Engineering，Auckland，2000.

[19] Shaingchina S, Lukkunaprasita P, Wood S L. Influence of diagonal web reinforcement on cyclic behavior of structural walls. Engineering Structures，2007，29：498-510.

[20] Salonikios T N, Kappos A J, Tegos I A, et al. Cyclic load behavior of low-slenderness reinforced concrete walls-failure modes，strength and deformation analysis，and design implications. ACI Structural Journal，2000，97(1)：132-142.

[21] Paulay T, Priestley M J N, Synge A J. Ductility in earthquake squat shear walls. ACI Journal. 1982，79 (4)：257-269.

[22] Paulay T，Priestly M J N． Seismic design of reinforced concrete and masonary buildings． New York：John Wiley & Sons，1992．

[23] Hidalgo P A，Ledezma C A，Jordan R M． Seismic behavior of squat reinforced concrete shear walls．Earthquake Spectra，2002，18(2)：287-308．

[24] Lopes M S． Experimental shear-dominated response of RC walls Part I：Objectives，methodology and results． Engineering Structures，2001，23：229-239．

[25] Salonikios T N，Kappos A J，Tegos I A，et al． Cyclic load behavior of low-slenderness reinforced concrete walls-design basis and test results． ACI Structural Journal，1999，96(4)：649-660．

[26] Benjamin J R，Williams H A． The behavior of one-story reinforced concrete shear walls． Journal of Structural Division，ASCE，1957，83，(3)：1-49．

[27] Barda F，Hanson J M，Corley W G． Shear strength of low-rise walls with boundary elements． American Concrete Institute，1977，SP-53：149-202．

[28] Cardenas A E，Russell H G，Corley W G． Strength of Low-Rise Structural Walls． American Concrete Institute，1980，SP-63：221-242．

[29] Gulec C K． Ultimate shear strength of squat rectangular reinforced concrete walls ［D］． the United States of America，State University of New York at Buffalo，2005．

[30] Hsu T C C，Mau S T． Concrete shear in earthquake． London：Elsevier Science Pub. Co.，1992．

[31] Wood S L． Shear strength of low-rise reinforced concrete walls． ACI Structural Journal，1990，87(1)：99-107．

[32] Lefas I D，Kotsovos M D，Ambraseys N． Behavior of reinforced concrete structural walls：Strength，deformation characteristics，and failure mechanism． ACI Structural Journal，1990，87(1)：23-31．

[33] Lefas I D，Kotsovos M D． Strength and deformation characteristics of reinforced concrete walls under load reversals． ACI Structural Journal，1990，87(6)：716-726．

[34] 蒋欢军，吕西林． 新型耗能剪力墙模型低周反复荷载试验研究． 世界地震工程，2000，16(3)：63-67．

[35] Iliya R，Bertero V V． Effect of amount and arrangement of wall-panel reinforcement on hysteretic behavior of reinforced concrete walls． Report No. UCB/EERC-80/04． California：University of California Berkeley． Earthquake Engineering Research Center (EERC)，1980．

[36] Sittipunt C，Wood S L，Lukkunaprasit P，et al． Cyclic behavior of reinforced concrete structural walls with diagonal web reinforcement． ACI structural journal，2001 98(4)，554-562．

[37] Sittipunt C，Wood S L． Influence of web reinforcement on the cyclic response of structural walls． ACI Structural Journal，1995，92(6)：1-12．

[38] 曹万林，张建伟，田宝发，等． 带暗支撑低矮剪力墙抗震性能试验及承载力计算． 土木工程学报，2004，37(3)：44-51．

[39] 曹万林，张建伟，田宝发，等． 钢筋混凝土带暗支撑中高剪力墙抗震性能研究． 建筑结构学报，2002，23(6)：26-32、55．

[40] 曹万林，张建伟，崔立长，等． 钢筋混凝土带暗支撑双功能低矮剪力墙抗震性能研究． 建筑结构学报，2003，4(1)：46-53．

[41] 张建伟，曹万林，田宝发，等． 底层大空间带暗支撑剪力墙结构振动台试验研究． 建筑结构学报，2004，25(6)：44-51．

[42] 曹万林，董宏英，胡国振，等． 钢筋混凝土带暗支撑双肢剪力墙抗震性能试验研究． 建筑结构学报，2004，25(3)：22-28．

[43] Cao W L，Zhang J W，Xue S D，et al． Seismic performance of RC shear walls with concealed brac-

ing. Advances in Structural Engineering, 2006, 9(4): 577-589.

[44] 曹万林, 赵长军, 张建伟, 等. 带暗支撑短肢剪力墙结构振动台试验研究. 建筑结构学报, 2008, 29(1): 49-56.

[45] Technical Committee CEN/TC 250. Eurocode 8: Design of structures for earthquake resistance-part 1: General rules, seismic actions and rules for buildings [S]. CEN, Brussels, Belgium, 2003.

[46] 黄雄军, 罗英, 赵世春. 劲性砼低剪力墙抗震性能研究. 四川建筑科学研究, 1996, 1: 52-55.

[47] 罗英, 赵世春. 带 SRC 边框低剪力墙的抗震性能试验研究. 西安公路交通大学学报, 1999, 19 (2): 66-69.

[48] 黄雄军, 赵世春. 带劲性钢筋混凝土边框低剪力墙的试验研究. 西南交通大学学报: 自然科学版, 1999, 34 (5): 535-539.

[49] 刘航, 蓝宗建, 庞同和, 等. 劲性钢筋混凝土低剪力墙抗震性能试验研究. 工业建筑, 1997, 27 (5): 32-36.

[50] 王曙光, 蓝宗建. 劲性钢筋混凝土开洞低剪力墙拟静力试验研究. 建筑结构学报, 2005, 26(1): 85- 90, 124.

[51] 魏勇, 钱稼茹, 赵作周, 等. 高轴压比钢骨混凝土矮墙水平加载试验. 工业建筑, 2007, 37(6): 76-79.

[52] 廖飞宇, 陶忠. 带不同类型边框柱的剪力墙力学性能试验. 工业建筑, 2007, 37(12): 1-34.

[53] 廖飞宇. 带钢管混凝土边柱的钢筋混凝土剪力墙抗震性能研究 [博士学位论文]. 福州: 福州大学, 2007.

[54] 吕西林, 董宇光, 丁子文. 截面中部配置型钢的混凝土剪力墙抗震性能研究. 地震工程与工程振动, 2006, 26(6): 101-107.

[55] 董宇光, 吕西林, 丁子文. 型钢混凝土剪力墙抗剪承载力计算公式研究. 工程力学, 2007, 24 (S1): 114-118.

[56] 吕西林, 干淳洁, 王威. 内置钢板钢筋混凝土剪力墙抗震性能研究. 建筑结构学报, 2009, 30(5): 89-96.

[57] Katsuhiko E. Compressive and shear strength of concrete filled steel box wall. Steel Structures, 2002, 26(2): 29-40.

[58] 魏勇, 钱稼茹, 赵作周, 等. 高轴压比钢骨混凝土矮墙水平加载试验. 工业建筑, 2007, 37(6): 76-79.

[59] 苏州水泥制品研究所. 钢筋混凝土抗震结构译文集—钢筋混凝土带缝剪力墙. 1981.

[60] 夏晓东. 钢筋混凝土有边框带缝槽低剪力墙抗震性能的试验研究和延性设计 [博士学位论文]. 南京: 东南大学, 1989.

[61] 戴航, 陈贵. 带水平短缝墙及低剪力墙的动力反应和耗能分析. 东南大学学报, 1992, 22(5): 58-64.

[62] 李爱群. 钢筋混凝土剪力墙结构抗震控制及其控制装置研究 [博士学位论文]. 南京: 东南大学, 1992.

[63] 高小旺, 薄庭辉, 宗志桓. 带边框开竖缝钢筋混凝土低矮墙的试验研究. 建筑科学, 1995, 11(4): 24-32.

[64] 叶列平, 康胜, 曾勇. 双功能带缝剪力墙的弹性受力性能分析. 清华大学学报, 1999, 39 (12): 79-81.

[65] 康胜, 曾勇, 叶列平. 双功能带缝剪力墙的刚度和承载力研究. 工程力学, 2001, 18(2): 27-34.

[66] 曹万林, 张建伟, 崔立长, 等. 钢筋混凝土带暗支撑双功能低矮剪力墙抗震性能试验研究. 建筑结构学报, 2003, 24(1): 46-53.

[67] 曹万林，田宝发，王洪星，等. 钢筋混凝土带暗支撑双功能剪力墙的力学计算模型. 地震工程与工程振动，2001，21（2）：84-88.

[68] 王新杰. 带竖向软钢—铅耗能带剪力墙抗震性能试验研究［博士学位论文］. 北京：北京工业大学，2007.

[69] 李惠，徐强，吴波. 钢管混凝土耗能低剪力墙. 哈尔滨建筑大学学报，2000，33（2）：18-23.

[70] 廖飞宇，陶忠，韩林海. 钢-混凝土组合剪力墙抗震性能研究简述. 地震工程与工程振动，2006，26（5）：129-135.

[71] 中华人民共和国建设部. GB 50011—2001 建筑抗震设计规范. 北京：中国建筑工业出版社，2001.

[72] 周云龙. 截面形状及配筋对单片剪力墙抗震性能的影响［硕士学位论文］. 北京：清华大学，1987.

[73] 张迎春. 钢骨混凝土剪力墙的试验研究［硕士学位论文］. 北京：清华大学，1993.

[74] 乔彦明，钱稼茹，方鄂华. 钢骨混凝土剪力墙的抗剪性能的试验研究. 建筑结构，1995，25（8）：3-7.

[75] 乔彦明. 钢骨钢筋混凝土剪力墙抗剪性能试验研究［硕士学位论文］. 北京：清华大学，1993.

[76] 王志浩，方鄂华，钱稼茹. 钢骨混凝土剪力墙的抗弯性能. 建筑结构，1998，28（2）：13-16.

[77] 钱稼茹，魏勇，赵作周，等. 高轴压比钢骨混凝土剪力墙的抗震性能试验研究. 建筑结构学报，2008，41（2）：43-50.

[78] 曹万林，杨亚彬，张建伟，等. 圆钢管混凝土边框内藏桁架剪力墙抗震性能. 东南大学学报（自然科学版），2009，39（6）：1187-1192.

[79] 曹万林，张建伟，董宏英，等. 内藏桁架混凝土组合高剪力墙抗震性能. 哈尔滨工业大学学报，2009，41（4）：153-158.

[80] 张建伟，曹万林，王志惠，等. 内藏钢桁架组合中高剪力墙的抗震性能. 工业建筑，2009，39（8）：101-105.

[81] 曹万林，范燕飞，张建伟，等. 不同轴压比下内藏钢桁架混凝土组合剪力墙抗震研究. 地震工程与工程振动，2007，27（4）：42-46.

[82] 王志惠，曹万林，张建伟，等. 高轴压比下钢桁架-混凝土组合剪力墙抗震研究. 世界地震工程，2007，23（2）：102-106.

[83] 曹万林，张建伟，陶军平，等. 内藏桁架的混凝土组合低剪力墙试验. 东南大学学报（自然科学版），2007，37（2）：195-200.

[84] 陶军平，曹万林，张静娜，等. 内藏钢桁架混凝土组合低剪力墙抗震性能试验研究. 世界地震工程，2006，22（2）：131-137.

[85] 钱稼茹，魏勇，赵作周，等. 高轴压比钢骨混凝土剪力墙的抗震性能试验研究. 建筑结构学报，2008，41（2）：43-50.

[86] 中华人民共和国建设部. GB/T 50081—2002 普通混凝土力学性能试验方法标准. 北京：中国建筑工业出版社，2002.

[87] 过镇海. 钢筋混凝土原理. 北京：清华大学出版社，1999.

[88] 叶列平. 混凝土结构. 北京：清华大学出版社，2002.

[89] 中华人民共和国建设部. JGJ 101—1996 建筑抗震试验方法规程. 北京：中国建筑工业出版社，1996.

[90] Jacobsen L S. Steady forced vibrations as influenced by damping. ASME Transactions，1930，52：169-181.

[91] 中华人民共和国发展和改革委员会. YB 9082—2006 钢骨混凝土结构设计规程. 北京：冶金工业出版社，2006.

[92] 王宗纲，查支祥，聂建国. 构造柱-圈梁体系外多孔砖内混凝土小型空心砌块六层足尺房屋抗震性

能试验研究. 地震工程和工程振动, 2002, 22(4): 90-96.

[93]   高小旺, 王菁, 肖伟, 等. 八层砖墙与钢筋混凝土墙组合结构 1/2 比例模型抗震试验研究. 建筑结构学报, 1999, 20(1): 31-38.

[94]   许淑芳, 冯瑞玉, 张兴虎, 等. 十层钢筋混凝土空心剪力墙结构 1/2.8 比例模型房屋抗震试验研究. 西安建筑科技大学学报, 2006, 38(1): 62-68.

[95]   中华人民共和国建设部. JGJ 3—2002 高层建筑混凝土结构技术规程. 北京: 中国建筑工业出版社, 2002.

[96]   中华人民共和国建设部. JGJ 114—2003 钢筋焊接网混凝土结构技术规程. 北京: 中国建筑工业出版社, 2003.

[97]   Massone L M, Wallace J W. Load-deformation response of slender reinforced concrete walls. ACI Structural Journal 2004, 101(1): 103-113.

[98]   Pilakoutas K, Elnashai A S. Interpretation of testing results for reinforced concrete panels. ACI Structural Journal, 1993, 90(6): 642-645.

[99]   Pilakoutas K, Elnashai A S. Cyclic behavior of RC cantilever walls, part I-experimental results. ACI Structural Journal, 1995, 92(3): 642-645.

[100] Pilakoutas K, Elnashai A S. Cyclic behavior of reinforced concrete cantilever walls, part II-discussions and theoretical comparisons. ACI Materials Journal, 1995, 91(2): 1-11.

[101] 康胜. 钢筋混凝土双功能带缝剪力墙抗震性能研究 [硕士学位论文]. 北京: 清华大学, 1999. 6.

[102] CSA Standard CAN3-A23. 3-04. Design of concrete structures for buildings with explanatory notes. Canadian Standards Association, Rexdale, ON, Canada, 2004.

[103] Park R, Paulay T. Reinforced concrete structures. John Wiley & Sons, New York, USA. 1975.

[104] Aktan A, Bertero V. RC structural walls: Seismic design for shear. Journal Structural. Engineering, 1985, 111 (8): 1775-1791.

[105] Collins M, Mitchell D. A rational approach to shear design: The 1984 Canadian code provisions. ACI Journal, 1986, 83 (80): 925-933.

[106] Siao W. Strut-and-tie model for shear behavior in deep beams and pile caps failing indiagonal splitting. ACI Structural Journal, 1993, 90 (S38): 356-363.

[107] Hsu T T C, Mo Y L. Softening of concrete in low-rise shear walls. ACI Journal, 1985, 82(6): 883-889.

[108] Schlaich J, Scha¨fer K. Design and detailing of structural concrete using strut-and-tie models. Structuaral Engineering, 1991, 69(6): 113-125.

[109] 中华人民共和国建设部. GB 50010—2002 混凝土结构设计规范. 北京: 中国建筑工业出版社, 2002.

[110] ACI Committee 318. Building code requirements for structural concrete(ACI318-08) and commentary [S]. American Concrete Institute, Farmington Hills, MI. 2008.

[111] ASCE. Seismic design criteria for structures, systems, and components in nuclear facilities (ASCE/SEI 43-05). American Society of Civil Engineers, Reston, VA, 2005.

[112] Gulec C K, Whittaker A S, Stojadinovic B. Shear strength of squat rectangular reinforced concrete walls. ACI Structural Journal, 2008, 105(4): 488-497.

[113] Hwang S J, Fang W H, Lee H J, et al. Analytical model for predicting shear strength of squat walls. Journal of Structural Engineering, ASCE, 2001, 127(1): 43-50.

[114] Mau S T, Hsu T T C. Shear behavior of reinforced concrete framed wall panels with vertical loads. ACI Structural Journal, 1987, 84(3): 228-234.

[115] Yu H W，Hwang S J. Evaluation of softened truss model for strength prediction of reinforced concrete squat walls. Journal of Structural Engineering，ASCE，2005，131(8)：839-846.

[116] Hwang S J，Yu H Y，Lee H J. Theory of interface shear capacity of reinforced concrete. Journal of Structural Engineering，ASCE，2000，126(6)：700-707.

[117] Hwang S J，Lee H. J Analytical model for predicting shear strengths of exterior reinforced concrete beam-column joints for seismic resistance. ACI Structural Journal，1999，96(5)：846-857.

[118] Hwang S J，Lee H J. Analytical model for predicting shear strengths of interior reinforced concrete beam-column joints for seismic resistance. ACI Structural Journal，2000，97(1)：35-44.

[119] Hwang S J，Lu W Y，Lee H J. Shear strength prediction for deep beams. ACI Structural Journal，2000，97(3)：367-376.

[120] Zhang L X，Hsu T T C. Behavior and analysis of 100MPa concrete membrane elements. Journal of Structural Engineering，ASCE，1998，124(1)：24-34.

[121] Hsu T T C Unified theory of reinforced concrete. Boca Raton，Florida，CRC Press，Inc.，1993.

[122] Hsu T T C，Mau S T，Chen B. Theory of shear transfer strength of reinforced concrete. ACI Structural Journal，1987，84(2)：149-160.

[123] Walraven J C，Reinhardt H W. Theory and experiments on the mechanical behavior of cracks in plain and reinforced concrete subjected to shear loading. Heron，1981，26(1).

[124] 涂耀贤. 低矮型 RC 牆暨構架之側向載重位移曲線預測研究［博士學位論文］. 台湾：國立台灣科技大學，2005.

[125] Hwang S J，Lee H J. Strength prediction for discontinuity regions by softened strut-and-tie model. Journal of Structural Engineering，ASCE，2002，128(12)：1519-1526.

[126] 徐有邻. 变形钢筋-混凝土粘结锚固性能的试验研究［博士学位论文］. 北京：清华大学，1990.

[127] 吕西林，吴晓涵. 新型抗震耗能剪力墙结构的振动台试验与分析. 地震工程与工程振动，1996，16(1)：70-77.

[128] 黄勤翼. 轻钢构件钢骨混凝土剪力墙抗震性能研究［硕士学位论文］. 北京：清华大学，2009.

[129] Gulec C K，Whittaker A S，Stojadinovic B. Peak Shear strength of squat reinforced concrete walls with boundary barbells or flanges. ACI Structural Journal，2009，106(3)：368-377.

[130] Wang T T，Bertero V V，Popov E P. Hysteretic behaviour of reinforced concrete framed walls. Report no. EERC-75/23，Earthquake Engineering Research Centre，University of California，Berkeley，1975.

[131] 李杰，李国强. 地震工程学导论［M］. 北京：地震出版社，1992.

[132] Yamada M，Kawamura H，Katagihara K. Reinforced concrete shear walls without openings：test and analysis. Shear in Reinforced Concrete，SP-42，American Concrete Institute，Farmington Hills，Michigan，1974. 539-558.

[133] 张松，吕西林，章红梅. 钢筋混凝土剪力墙构件恢复力模型. 沈阳建筑大学学报(自然科学版)，2009，25(4)：644-649.

[134] 郭子雄，童岳生，钱国芳. RC 低矮抗震墙的变形性能及恢复力模型研究. 西安建筑科技大学学报，1998，30(1)：25-28.

[135] FEMA. 2000. Prestandard and commentary for the seismic rehabilitation of buildings. Report FEMA 356，Federal Emergency Management Agency，Washington，D. C.

[136] Ika Bali. Prediction of behavior of RC squat walls. Jurnal Sains dan Teknologi EMAS，2008，18(2)：105-111.

[137] 赵文辉，王志浩，叶列平. 双功能带缝剪力墙连接键的试验研究. 工程力学，2001，18(1)：

126-136.

[138] 赵文辉. 钢筋混凝土双功能剪力墙连接键受力性能的研究 [硕士学位论文]. 北京：清华大学，1999.

[139] 陆新征，叶列平，缪志伟. 建筑抗震弹塑性分析. 北京，中国建筑出版社，2009.

[140] Park Y J, Reinhorn A M, Kunnath S K. IDARC：Inelastic damage analysis of reinforced concrete frame-shear wall structure. Technical report NCEER-87-0008，State University of New York at Buffalo，1987.